모아
공조냉동기계
산업기사 실기

단기 완성

모아합격전략연구소

합격에 딱 맞춰 다이어트 제대로 한 핵심이론
최신 6개년 과년도 문제 수록(2023~2018년)
계산문제 완벽 대비를 위한 모아풀기 계산문제 수록

공조냉동기계산업기사 자격시험 알아보기

01 공조냉동기계산업기사는 어떤 업무를 담당하는가?

A. 경제성장과 함께 산업체에서부터 가정에 이르기까지 냉동기 및 공기조화 설비 수요가 큰 폭으로 증가하고 있는 현실에서 공조냉동기계와 관련된 생산, 공정, 시설, 기구의 안전관리등을 수행합니다.

02 공조냉동기계산업기사 자격시험은 어떻게 시행되는가?

시행기관
한국산업인력공단

시험과목(필기)
공기조화 설비
냉동냉장 설비
공조냉동 설치 및 운영

시행과목(실기)
공조냉동기계 실무(작업형)

검정방법(필기)
객관식 과목당 20문항
(과목당 30분)

검정방법(실기)
동관작업 2시간 35분
필답형 1시간 30분

합격기준
필기 : 100점 만점에 과목당 40점 이상
전과목 평균 60점 이상
실기 : 100점 만점에 60점 이상
(필답형 : 60점 + 작업형 : 40점)

03. 공조냉동기계산업기사 자격시험은 언제 시행되는가?

구분	필기원서접수	필기시험	필기 합격자 발표 (예정자)	실기 원서접수	실기 시험	최종 합격자 발표일
2024년 제1회	01.23 ~ 01.26	02.15 ~ 03.07	03.13(수)	03.26 ~ 03.29	04.27 ~ 05.12	06.18(화)
2024년 제2회	04.16 ~ 04.19	05.09 ~ 05.28	06.05(수)	06.25 ~ 06.28	07.28 ~ 08.14	09.10(화)
2024년 제3회	06.18 ~ 06.21	07.05 ~ 07.27	08.07(수)	09.10 ~ 09.13	10.19 ~ 11.08	12.11(수)

자세한 시험일정과 정보는 큐넷(https://www.q-net.or.kr)을 참고 바랍니다.

04. 공조냉동기계산업기사 최근 합격률은 어떠한가?

연도	필기			실기		
	응시	합격	합격률	응시	합격	합격률
2023	10,032명	2,341명	23.3%	3,282명	1,702명	51.9%
2022	9,698명	2,087명	21.5%	3,272명	1,990명	60.8%
2021	9,333명	3,323명	35.6%	4,195명	2,678명	63.8%
2020	6,198명	1,968명	31.8%	2,497명	1,599명	64%
2019	4,765명	1,558명	32.7%	2,186명	1,184명	54.2%
2018	4,227명	1,081명	25.6%	1,647명	933명	56.6%
2017	4,047명	1,321명	32.6%	2,026명	986명	48.7%

05. 공조냉동기계산업기사 자격시험 응시 사이트는 어디인가?

A. 큐넷, http://www.q-net.or.kr원서 접수는 온라인(인터넷, 모바일앱)에서만 가능합니다. 스마트폰, 태블릿PC 사용자는 모바일앱 프로그램을 설치한 후 접수 및 취소, 환불서비스를 이용하시기 바랍니다.

공조냉동기계산업기사 실기
10일만에 합격하기

📝 모아 공조냉동기계산업기사 **실기**

DAY 1	OT 및 커리큘럼	🖊 **학습 Comment**
	Chapter 01 공조냉동의 기초	공조냉동기계산업기사 과년도 문제를 풀어보기 전에 필기에서 배웠던 개념들을 다시 정리하는 시간을 가져봅시다.
DAY 2	Chapter 02 공기조화	실기에만 출제될 가능성이 있는 개념들까지 수록해놨기 때문에 필기에서 공부를 확실하게 했더라도 다시 한 번 되짚어 보는 시간이 필요합니다.
DAY 3	Chapter 03 냉동	범위가 꽤 넓으니 강의 도중 제가 강조한 내용을 위주로 꼼꼼히 확인해주세요.
DAY 4	Chapter 04 제어	제어 부문에서는 매년 매회차 높은 점수 배점으로 1문제가 출제되니 반드시 학습해주세요.
DAY 5	2023년 과년도 1회 ~ 3회	🖊 **학습 Comment**
		공조냉동기계산업기사 실기 시험이 2023년 2회차부터 동영상에서 필답형으로 적용되었습니다.
DAY 6	2022년 과년도 1회 ~ 3회	그러나 과거의 동영상 문제가 출제되지 않는 것은 아니며, 사진으로 변형되어 출제되고 있습니다. 따라서 과거 동영상 과년도에 비중을 맞추어 학습해야 합니다.
DAY 7	2021년 과년도 1회 ~ 3회	교재에는 과년도 6개년을 수록하였으며, 2023년 시행된 필답형 2회차, 3회차를 풀어보며 시험의 방향성과 문제의 중요도를 파악할 수 있도록 합시다.
DAY 8	2020년 과년도 1회 ~ 3회	
DAY 9	2019년 과년도 1회 ~ 3회	
	2018년 과년도 3회	
DAY 10	모아풀기 계산문제	🖊 **학습 Comment**
		필답형으로 바뀐 후 계산문제 또한 2문제 정도 출제됩니다. 출제될 가능성이 높은 계산문제를 모아풀며 준비하시기 바랍니다.

공조냉동기계산업기사 실기
20일만에 합격하기

📝 모아 공조냉동기계산업기사 **실기**

DAY 1 ~ 2	OT 및 커리큘럼
	Chapter 01 공조냉동의 기초

DAY 3 ~ 4	Chapter 02 공기조화

DAY 5 ~ 6	Chapter 03 냉동

DAY 7 ~ 8	Chapter 04 제어

DAY 9	실기이론 총 복습

🖊 학습 Comment

공조냉동기계산업기사 과년도 문제를 풀어보기 전에 필기에서 배웠던 개념들을 다시 정리하는 시간을 가져봅시다.
실기에만 출제될 가능성이 있는 개념들까지 수록해놨기 때문에 필기에서 공부를 확실하게 했더라도 다시 한 번 되짚어 보는 시간이 필요합니다.
범위가 꽤 넓으니 강의 도중 제가 강조한 내용을 위주로 꼼꼼히 확인해주세요.
제어 부문에서는 매년 매회차 높은 점수 배점으로 1문제가 출제되니 반드시 학습해주세요.

DAY 10	2023년 과년도 1회
	2023년 과년도 2회

DAY 11	2023년 과년도 3회
	2022년 과년도 1회

DAY 12	2022년 과년도 2회
	2022년 과년도 3회

DAY 13	2021년 과년도 1회
	2021년 과년도 2회

DAY 14	2021년 과년도 3회
	2020년 과년도 1회

DAY 15	2020년 과년도 2회
	2020년 과년도 3회

DAY 16	2019년 과년도 1회
	2019년 과년도 2회

DAY 17	2019년 과년도 3회
	2018년 과년도 3회

DAY 18	2019년 과년도 3회
	2018년 과년도 3회

DAY 19	과년도 총 복습
	오답노트 정리

🖊 학습 Comment

공조냉동기계산업기사 실기 시험이 2023년 2회차부터 동영상에서 필답형으로 적용되었습니다.
그러나 과거의 동영상 문제가 출제되지 않는 것은 아니며, 사진으로 변형되어 출제되고 있습니다. 따라서 과거 동영상 과년도에 비중을 맞추어 학습해야 합니다.
교재에는 과년도 6개년을 수록하였으며, 2023년 시행된 필답형 2회차, 3회차를 풀어보며 시험의 방향성과 문제의 중요도를 파악할 수 있도록 합시다.

DAY 20	모아풀기 계산문제
	오답노트 정리

🖊 학습 Comment

필답형으로 바뀐 후 시퀀스 문제와 동영상 문제가 사진으로 큰 비중을 차지하며 출제됨과 동시에 계산문제 또한 2문제 정도 출제됩니다.
출제될 가능성이 높은 계산문제를 모아풀며 준비하시기 바랍니다.

참 잘 만들어서 참 공부하기 쉬운
모아 공조냉동기계산업기사 실기

이 책의 특징 살짝 엿보기

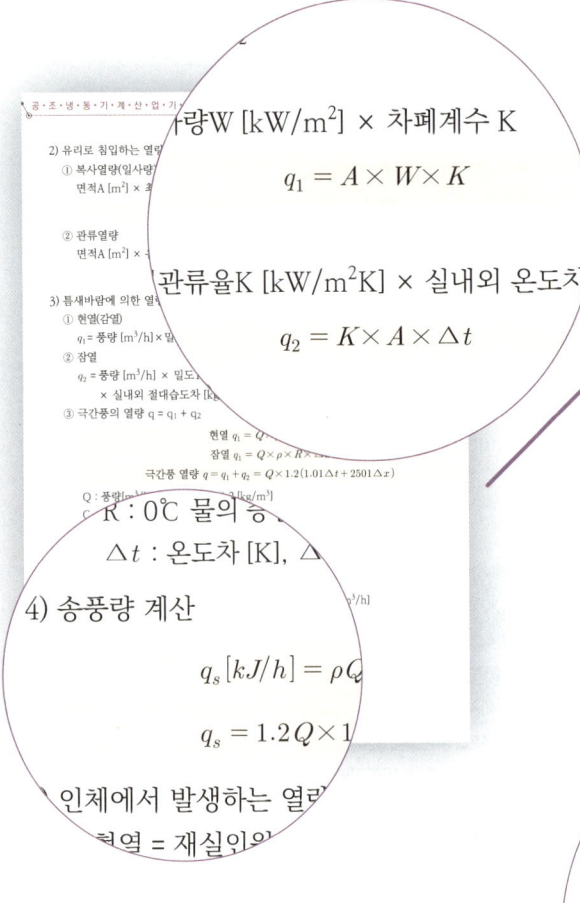

간결해서 **쉽고 빠르게**
읽고 이해할 수 있다.

이것저것 교재에 담아내기보다
최대한 간결하고 빠르게 이해
할 수 있도록 정리했습니다.

과년도 6개년 문제를 통하여
최근 시험의 출제경향을 파악할 수있다.

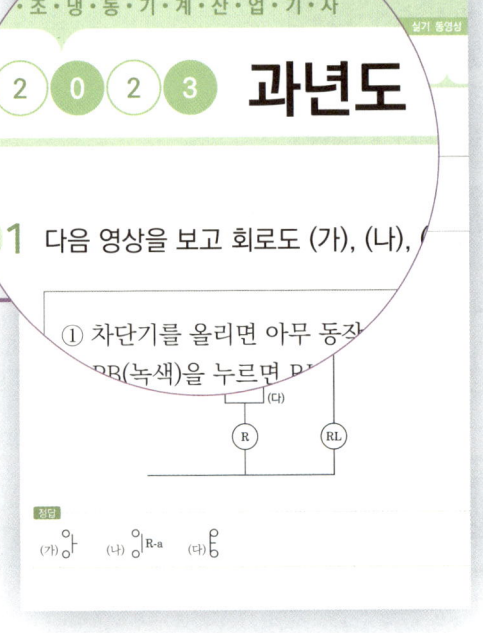

과년도 문제를 **연도별로 제공**함으로써
최근 시험 **출제 경향을 파악**하는 데
도움이 될 수 있도록 하였습니다.
특히 2023년 2회, 3회 문제도 수록하여,
해당 연도부터 적용된 **필답형 문제에도**
대비할 수 있도록 하였습니다.

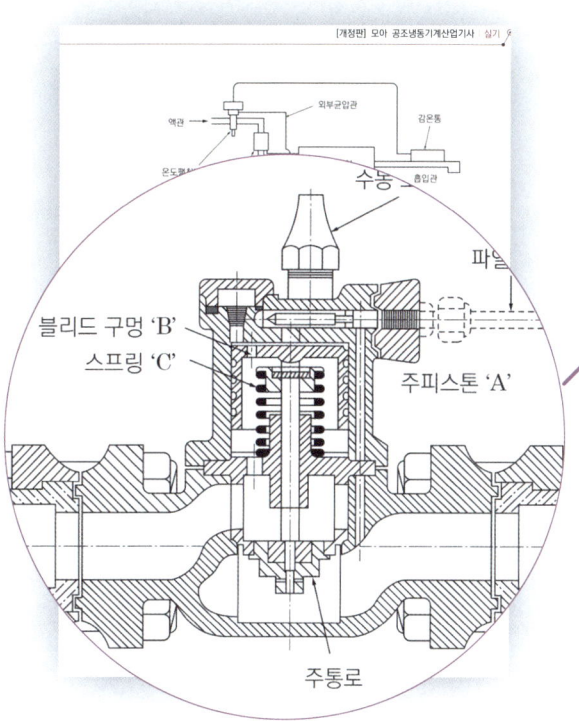

다양한 그림을 부족함 없이 수록하여
더욱 쉽게 이해할 수 있다.

텍스트만으로 설명하기 어려운
부분을 그림으로 **표현**하여
쉽게 이해할 수 있습니다.

풍부한 해설이 담긴 **모아풀기 계산문제**를
통하여 충분히 문제를 해결할 수 있다.

모아풀기 계산문제를 통하여
어려운 계산문제를 **충분히 연습**할 수 있습니다.
또한 해설을 풍부하게 수록함으로써
문제 하나하나의 가치를 높였습니다.

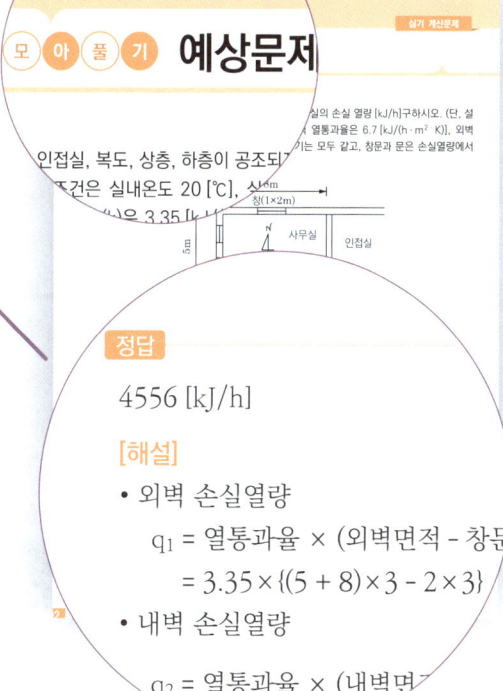

2024 모아 공조냉동기계 시리즈

합격으로 가는 지름길
빵꾸노트

개정판

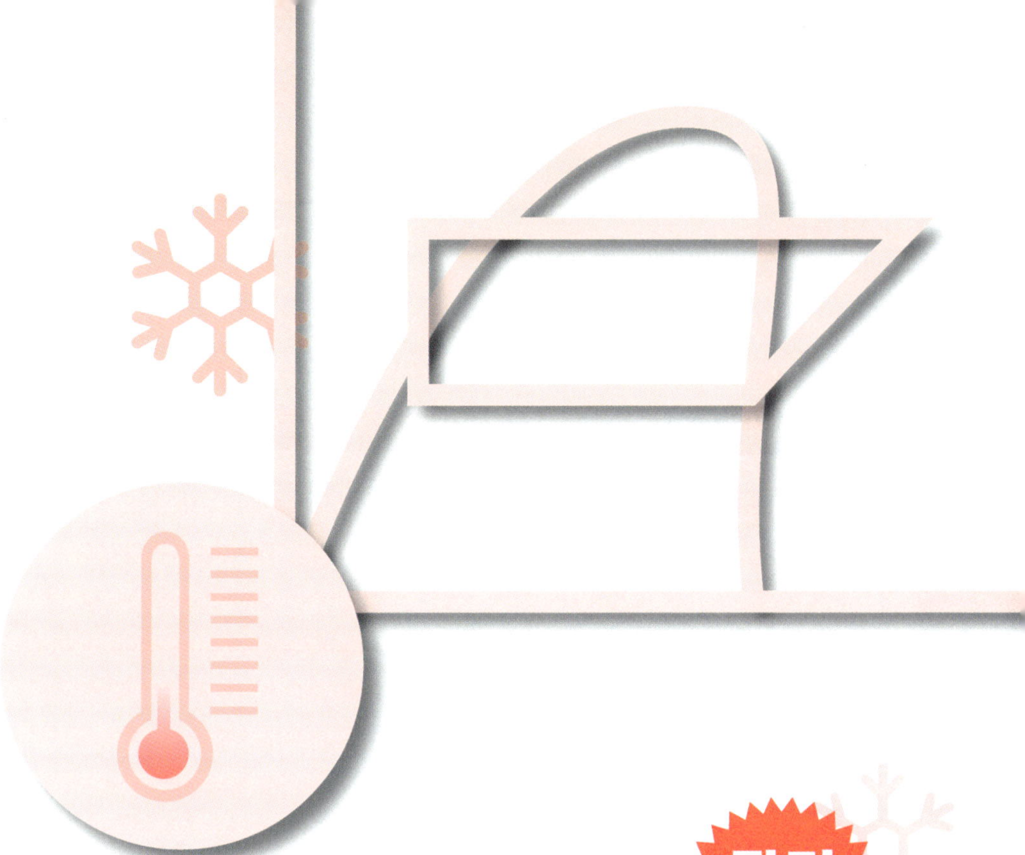

모아
공조냉동기계
산업기사 실기

단기완성

모아합격전략연구소

목차

PART 01 핵심이론

Chapter 01 공조냉동의 기초 ·· 14
Chapter 02 공기조화 ·· 26
Chapter 03 냉동 ·· 38
Chapter 04 제어 ·· 61

PART 02 모아풀기 계산문제

예상문제 ··· 100
기출문제 ··· 106

PART 03

과년도 문제

2023년 과년도 1회	112
2023년 과년도 2회	121
2023년 과년도 3회	131
2022년 과년도 1회	139
2022년 과년도 2회	147
2022년 과년도 3회	156
2021년 과년도 1회	164
2021년 과년도 2회	173
2021년 과년도 3회	182
2020년 과년도 1회	192
2020년 과년도 2회	200
2020년 과년도 3회	209
2019년 과년도 1회	217
2019년 과년도 2회	227
2019년 과년도 3회	235
2018년 과년도 3회	244

모아바 www.moa-ba.com
모아소방전기학원 www.moate.co.kr

공·조·냉·동·기·계·산·업·기·사

Part 01
핵심이론

Chapter 01 공조냉동의 기초

01 기본단위

- 법률에서 단위계는 국제표준단위계인 SI단위계를 채택하고 있다.
- 또한, 냉동톤 등 일부를 제외하고는 SI표준 단위로 시험이 통일되고 있다.

1 SI 7개 기본단위

길이	질량	시간	온도	광도	전류	물질량
m	kg	sec	K	cd	A	mol

2 유도단위

속도	가속도	힘	일	일률(동력)	압력
m/sec	m/sec^2	N	J	W	Pa

※ 다음 단위는 자주 사용된다.

[N·m] = [J], [N/m^2] = [Pa]

1 [cal] ≒ 4.19 [J]이며 1 [kcal] ≒ 4.19 [kJ], [J/sec] = [W]이므로

[J] = [W·Sec] 또는 [Wh]

[kJ] = [kW·Sec] 또는 [kWh]로 표현

(1) 동력 단위

   1) 1 [kW] = 102 [kgf·m/s] = 860 [kcal/h]
   2) 1 [HP] = 76 [kgf·m/s] = 641 [kcal/h]
   3) 1 [PS] = 75 [kgf·m/s] = 632 [kcal/h](미터법 기준 프랑스마력)

3 압력

(1) 압력단위

1) 압력의 정의 : 단위 면적 당 수직으로 작용하는 힘

$$P = \frac{F}{A}$$

F : 힘 [N]
A : 단위 면적 [m²]

※ 많은 분들이 단위와 기호를 혼동한다. 또한 기호를 불변의 절대적인 것으로 잘못 생각하는 경우가 많다. 원칙적으로 단위는 [대괄호]를 사용한다. 기호는 외워야 할 것이 아닌 이해해야 할 것으로, 언제든 편의를 위해 바뀔 수 있음을 주의하자.

(2) 압력의 분류

1) 표준 대기압(1 [atm]) : 지구의 대기를 이루고 있는 공기가 누르는 압력을 대기압이라 한다. 대기압은 토리첼리의 실험에 의하여 얻어진 값으로 단위에 따라 다음과 같이 표현될 수 있다.

$\quad$ 1기압 [atm] = 10.332 [mAq] = 10.332 [mH$_2$O] = 10332 [mmAq](수두 또는 수주)
$\quad\quad\quad\quad\quad\;\;$ = 1.0332 [kgf/cm²]
$\quad\quad\quad\quad\quad\;\;$ = 760 [mmHg](수은주)
$\quad\quad\quad\quad\quad\;\;$ = 0.101325 [MPa] = 101.325 [kPa] = 1.013 [bar]

2) 절대압력(Absolute Pressure) : 완벽한 진공을 0점으로 두고 측정한 압력
3) 게이지압력(Gauge Pressure) : 국소대기압의 기준을 0으로 하여 측정한 기기의 압력
4) 국소대기압 : 환경에 따라 측정 지점, 시점의 대기압 상태를 나타낸다. 이때 절대기압으로 표현하고 이로부터 게이지압이 측정된다.
5) 진공압력 : 게이지압력과는 반대로 대기압을 기준을 0으로 하여 그 이하로 내려온 압력 크기[(-)부압]

※ 부압은 -값을 가지고 있는 것이 아니라 개념을 가지기 위해 (-)로 표기한다.
※ 그러므로 진공압은 표준대기압에서 내려온 정도라고 기억하면 쉽다.
※ 절대압력 = 대기압 + 게이지압 또는 절대압력 = 대기압 - 진공압

(3) 진공도(Degree of Vacuum)

대기압의 기준을 0으로 하여 완전진공 사이를 측정한 [%]값, 진공도를 절대압력으로 환산하면 완전진공으로부터 대기압 사이를 100 [%]로 하여 진공도로 뺀 값과 같다.

$$\frac{\text{대기압} - \text{절대압력}}{\text{대기압}} \times 100 = \text{진공도 [\%]}$$

(4) 압력 단위의 환산

$$\frac{x\,[mmHg]}{760\,[mmHg]} \times 10.332\,[mAq] = y\,[mAq]$$

※ 환산하려는 값 x를 같은 단위의 1기압 기준으로 나누어(단위를 상각하고) 구하려는 단위의 1기압 기준을 곱하면 구하려는 단위의 y값을 얻을 수 있다.

※ 기본적 압력 단위에 능숙해지면 $\rho \times g = \gamma$ $\quad P/r = H\,[mAq]$ 등을 사용한다.

02 밀도, 비체적, 비중, 비중량

1 밀도[kg/m³] : 단위 체적[m³]당 질량[kg]

보통 기호로 ρ(로)를 사용한다.
(체적)비질량이란 용어로 쓰일 만도 하였으나, 밀도는 오랫동안 계량으로 쓰여 온 개념으로 관례적 용어가 채택되어 쓰인 것으로 보인다.

2 비체적(Specific Volume)[m³/kg] : 단위 질량[kg]당 체적[m³]

보통 기호로 v(백터)를 사용한다.
(질량)비체적이란 용어가 쓰이며, 단위로 보나 용어로 보나 밀도의 역수임을 알 수 있다.

※ 액체와 고체의 경우 압력에 따라 밀도와 비체적은 거의 변하지 않는 비압축성 유체임에 비하여 기체의 경우 밀도와 비체적은 압력에 따라 큰 폭의 변화가 크다. 이에 따라 기체를 압축성 유체로 분류한다.

3 비중량(specific weight)[N/m³][kgf/m³] : 단위 체적[m³]당 힘 = 중량[N], [kgf]

(체적)비중량이란 용어가 쓰인다.
보통 기호로 γ(감마)를 사용한다.
$[kgf]$[킬로그램중]은 1 $[kg]$의 물체가 중력가속도에 의해 땅으로 떨어지려는 힘을 의미한다.
$1\,[kg] \times 9.8\,[m/s^2]$

※ 중량[kgf]과 질량[kg]은 다른 단위임에도 불구하고 많은 교재에서 혼용하여 수험자 혼란을 초래할 뿐만 아니라 이를 이용한 실수를 유도하는 시험문제도 빈번하니, 다른 개념으로 생각하자. 구분하지 않으면 밀도와 비중량은 같은 개념이 되어버린다.
예) 9.8 [N] = 1 [kgf] = 1 [kg] × 9.8 [$m/\sec^2$]

4 비중

(1) (액체)비중 : 일반적으로 비중이라고 하면 기준(4 [℃], 1 [atm] 물)과 비교한 비를 말한다. 액체, 고체에 한한다. 단위는 분모와 분자의 단위가 상각되어 없다. 무차원(무단위)이다.

예) $\dfrac{x\,[kg/m^3]}{4°C\ 1atm\ 물\,[kg/m^3]}$, $\dfrac{x\,[KN/m^3]}{4°C\ 1atm\ 물\,[KN/m^3]}$

(2) (가스)비중 : 가스 비중은 공기의 평균분자량과 비교한 어떠한 가스의 분자량의 비를 말하며, 기체만 해당된다.

예) $\dfrac{x의\ g분자량}{공기의\ 평균 g분자량}$

※ 평균 분자량으로 표현된 것은 공기의 성분이 항상 일정한 것이 아닌 이유다.

03 기초 열역학

1 온도

(1) 온도의 개념

온도는 물체의 열 정도를 나타내는 물리적 척도로 분자의 운동속도(또는 떨림)를 말한다.
1) 온도의 단위
① 섭씨온도 [℃] : 물의 어는 점(빙점 = 융점 = 녹는점)을 0 [℃]로 물의 끓는점(비점)을 100 [℃]로 100등분하여 사용한 것
② 캘빈온도 [K] : 자연계 최저온도를 0 [K](약 -273 [℃])로 설정하고 물의 어는점을 약 273 [K]로, 물의 끓는점을 373 [K]로 100등분하여 사용한 것
③ 화씨온도 [°F] : 물의 어는점을 32 [°F]로, 물의 끓는점을 212 [°F]로 180등분하여 사용한 것

④ 랭킨온도 [R] : 자연계 최저온도를 0 [R]로 설정하고 물의 어는점을 492 [R]로, 물의 끓는점을 672 [R]로 180등분하여 사용한 것

2) 측정 구분에 따른 온도

① 건구온도(DB : Dry Bulb Temperature, t [℃]) : 온도계로 측정 가능한 온도, 습도와 관계없이 측정되는 온도

② 습구온도(WB : Wet Bulb, t [℃]) : 봉상온도계(유리온도계)의 수은 부분에 명주를 물에 적셔 수분이 대기 중에 증발 될 때 측정된 온도를 말한다. 이는 증발원이 있는 물체, 대표적으로 인체 등 실제적으로 느낄 수 있는 온도로 해석될 수 있다.

③ 노점온도(DT : Dew Point Temperature)
대기 중 존재하는 수증기가 응축하여 이슬이 맺히기 시작하는 온도를 말한다. 공조냉동에서 노점은 절대습도와 건구온도의 조건 아래에서 이슬이 생기는 온도(온도차이)를 측정함으로써 결로 방지를 위한 척도로 사용된다.

2 열과 열량

(1) 열역학 법칙

1) 제 0법칙 : 물체의 고온과 저온에서 마침내 열평형을 이룬다.
2) 제 1법칙 : 일은 열로, 열은 일로 교환할 수 있다.

예 일의 열당량, 열의 일당량

① 일의 열당량(일을 열로 전환할 때 발생되는 열량) 1/427 [kcal/(kgf·m)]
② 열의 일당량(열량으로 할 수 있는 일의 양)
427 [kgf·m/kcal] = 4.19 [kJ/kcal] = 4.19 [kNm/kcal]

3) 제 2법칙 : 자연계는 비가역적인 변화가 일어난다.
(가역적 변화 없음 = 등가 교환 없음 = 손실 발생)
자연계에 아무런 변화도 남기지 않고 열은 저온에서 고온으로 이동하지 않는다.
즉, 성적계수가 무한대인 냉동기의 제작은 불가능하다. = 무한동력기는 없다.

4) 제 3법칙 : 절대온도 0도에 이르게 할 수 없다.

(2) 열, 열량과 비열

  1) 열(Heat) : 열은 온도 차이에 의하여 물체 간 이동하는 에너지의 일종이다.
  2) 열량(Heat Capacity) : 열량은 열의 이동량을 말한다. 열량의 단위로는 [kcal] 또는 [kJ] 이 사용된다.
  3) 비열(Specific Heat) : 비열은 단위 용량의 어떤 물질을 1 [℃] 올릴 때 필요한 열량을 말한다. [kcal/(kg·℃)], [kJ/(kg·K)] - 따라서 단위에 온도가 들어간다.
    ① [kcal]는 1 [Kg]의 물 1 [℃] 올릴 때 필요한 열량을 기준으로 한 단위 이다.
       ([Cal]는 1 [g]의 물)
    ② [J] = [N·m]은 단위변환에서 설명되었다. 1 [Kcal] = 4.19 [KJ]임은 반드시 기억해야 한다. 또한 단위로 [kgf·m], [Wh]등이 쓰인다.
  4) 열용량 : 어떤 물질의 지금 현상 그대로 전부를 1 [℃] 올릴 때 필요한 열량은 열용량이라 한다.

3 물의 상태 변화

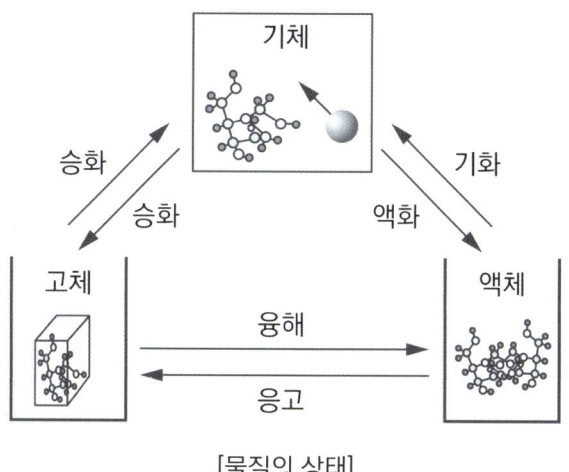

[물질의 상태]

(1) 열역학 법칙 현열(감열)과 잠열

  1) 현열(감열) : 온도변화만 일으키는 열(상태변화 없음)
  2) 잠열 : 상태 변화만 일으키는 열(온도변화 없음)
    ① 얼음의 융해(응고) 잠열 : 79.68 [kcal/kg] ≒ 334 [kJ/kg]
    ② 물의 증발(응축) 잠열 : 539 [kcal/kg] ≒ 2257 [kJ/kg]

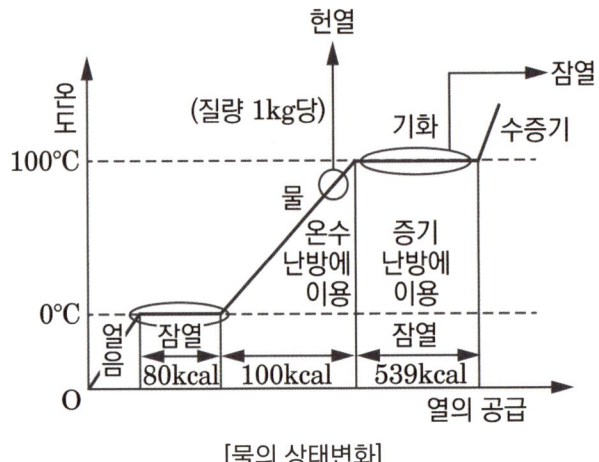

[물의 상태변화]

※ 잠열은 비열이 아니다. 잠열은 온도변화가 없어 단위에 온도가 들어갈 수 없다.
※ 빙점 = 융점 , 끓는점(증발) = 비점
※ 냉동톤
  ㉠ 1냉동톤(RT) : 0 [℃] 물 1 [ton]을 24시간 동안에 0 [℃] 얼음으로 만드는 능력

  $$1[RT] = \frac{79.68 \times 1000}{24} = 3320 \, [kcal/hr] = 13900.8 \, [kJ/h] = 3.86 \, [kW]$$

  ㉡ 1USRT : 미국 냉동톤 32 [°F]의 순수한 물 2000파운드를 24시간 동안에 32 [°F]의 얼음으로 만드는 데 필요한 능력이다. 3024 [kcal/hr]
  ㉢ 제빙능력 : 하루 동안 제빙공장에서 생산되는 양을 톤으로 나타낸 것
    25 [℃] 물 1 [ton]을 24시간 동안 -9 [℃] 얼음으로 만드는 데 제거하는 냉동능력
    • 25 [℃] 물 1 [ton] → 0 [℃]의 물
      1000 × 1 × 25 = 25000 [kcal/24h]
    • 0 [℃] 물 1 [ton] → 0 [℃] 얼음
      1000 × 79.68 = 79680 [kcal/24h]
    • 0 [℃] 얼음 1 [ton] → -9 [℃] 얼음
      1000 × 0.5 × = 4500 [kcal/24h]
      총 열량 = 25000 + 79680 + 4500 [kcal/24h] = 109180 [kcal/24h]

4 열전달

(1) 열의 이동

열의 이동은 두 물체 사이 항상 온도가 높은 곳에서 낮은 곳으로 이동하여 결국 평형을 이룬다. 두 물체 사이 온도차가 클수록 빠르게 이동된다. 이것을 온도 구배라고도 하며 열역학 0법칙이기도 하다.

1) 열전도(Conduction) : 두 물체 사이 접촉으로 열이 이동하는 현상
   ① 열전도율(Heat Conduction Coefficient) : 물질에 따라 열이 이동하는 정도가 다른데 이것을 열전도율이라 한다(전열재료로 비중이 작은 것일수록 열전도율이 작다. 따라서 단열재는 비중이 작다).
   ② 열전도율의 단위
   열전도계수는 $[kW/(mK)]$ 또는 $[kJ/(mhK)]$, $[kcal/(mh℃)]$를 사용하며, 이때 계수를 비례상수로 구한 단위평방 당 열량을 열전도율이라 한다.

2) 열대류(Convection) : 대류는 밀폐 공간 내 전도에 의해 온도가 높아진 유체가 상대적으로 밀도가 작아져 가벼워지므로 상승하고 비교적 온도가 낮은 밀도가 높은 유체가 그 부분을 메우게 되어 순환하게 되는 현상 이러한 현상으로 열은 순환 된다.
대류는 자연적으로 일어나지만 송풍기 등을 이용하여 강제적 대류를 만들기도 하는데 전자를 자연대류 후자를 강제대류라 한다.

3) 열복사(Radiation) : 열전달 매체 없이 직접 대상물에 전달되는 현상이다. 대표적으로 태양으로부터 지구로 복사열이 전달된다. 복사는 흑색표면에 잘 흡수되고 광택 표면에서는 잘 반사된다.

(2) 열의 이동열전도, 열전달, 열통과율, 열저항

1) 열전도율 q_c

특정 물질의 비례상수를 적용한 단위평방 당(또는 단위온도당, 또는 단위두께당, 또는 복합단위당) 전열량 정도를 말하며, 이때 비례상수를 열전도계수 $\lambda [kJ/(mhK)]$ 라고 한다.

$$q_c = \lambda \frac{A(t_2 - t_1)}{l} = \lambda \frac{A \Delta T}{\Delta x}$$

λ [kJ/(mhK)] : 열전도계수
ΔT [K] : 온도차
Δx [m] : 두께

※ 열전도율, 열전도계수는 특정 물질의 고유한 값이다.

2) 열전달률 q_h(대류열전달)

고체에서 기체 또는 액체, 기체 또는 액체에서 고체사이 열이 전달되는 경우로 특정 물질 사이에서 비례상수를 적용한 단위평방당 또는 단위온도당(또는 단위온도당, 또는 복합단위당) 전달량 정도를 열전달률이라고 하며, 이때 비례상수를 열전달계수 $h[kJ/(m^2hK)]$라 한다.

$$열전달률\ h = \frac{kJ}{m^2hK}$$

$$h[W/(m^2K)], [kJ/(m^2hK)], [kcal/(m^2hK)]$$

$$q_h = hA(T_1 - T_2)$$

$$q_h = 대류열전달률$$

※ 열전달률은 두께가 단위에 없다. 특정 물질 사이 고유한 값이다.

3) 열통과율 K(= 열관류율)

벽체 등 복합적인 구조에서 열전달률과 열전도율을 더한 값 = 총 전열량 정도

4) 열저항 R

열저항은 열통과율(열관류률)의 역수로 볼 수 있으며, 전기회로의 저항과 같은 개념으로 이때 열전달률을 전류, 온도차를 전압(전위차)으로 생각할 수 있다.

열저항 = 열통과율의 역수

(지정)열저항의 경우, (벽체)열저항 = 벽체열전도률의 역수

$$벽체열전달률\ q = k\frac{A(T_1 - T_2)}{\Delta x} = \frac{kA(1)}{\Delta x}$$

$$\therefore R = \frac{1}{q} = \frac{\Delta x}{kA}$$

(대류)열저항 = 대류열전달율의 역수

$$대류열전달률\ q = hA(T_1 - T_2) = hA(1)$$

$$\therefore R = \frac{1}{q} = \frac{1}{hA}$$

(3) 벽을 통한 열통과

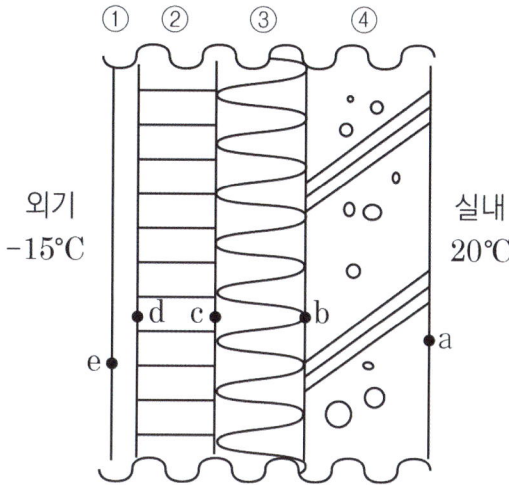

그림과 같은 벽체에 있어서 전체 총 열저항(R_t)을 생각해보면, 총 열저항은 각 열저항의 합과 같으므로 $R_t = R_o + R_1 + R_2 + R_3 + R_4 + R_i$ 가 된다.

외기열저항 (대류열저항) $R_o = \dfrac{1}{hA}$

단위면적(1 [m²])당 외기열저항으로 표현하고 h = α(기호바꿈)이라 하고 정리하면,

$R_o = \dfrac{1}{hA} = \dfrac{1}{h \times 1} = \dfrac{1}{\alpha_o}$ 으로 표현되고 (내기대류열저항도 마찬가지로 $R_i = \dfrac{1}{\alpha_i}$)

각 벽체 열저항 $R_{1-4} = \dfrac{\Delta x}{kA}$

단위면적(1 [m²])당 열저항으로 표현하고 $\Delta x = L$, $k = \lambda$(기호바꿈)라 하고 정리하면

각 벽체 열저항 $R_{1-4} = \dfrac{\Delta x}{kA} = \dfrac{L}{\lambda}$

$R_t = R_o + R_1 + R_2 + R_3 + R_4 + R_i$

∴ 단위면적[m²]당 총열저항은

$R_t = \dfrac{1}{\alpha_o} + \dfrac{L_1}{\lambda_1} + \dfrac{L_1}{\lambda_1} + \dfrac{L_2}{\lambda_2} + \dfrac{L_3}{\lambda_3} + \dfrac{L_4}{\lambda_4} + \dfrac{1}{\alpha_i}$ 으로 표현될 수 있다.

또한 열관류율 K는 열저항의 역수이므로, $R_t = \dfrac{1}{K}$ 이고, $K = \dfrac{1}{R_t}$ 이다.

※ 열전도 + 열대류 = 합으로 열저항을 계산할 때 열전도는 필히 두께가 먼저 계산되어야 한다. (+)은 단위가 같아야 더할 수 있다.

(4) 정압비열과 정적비열

1) 정압비열(C_P) : 압력을 일정하게 하여 가열하였을 때의 비열
   ※ 공기의 정압비열 = 1.01 [kJ/(kg·K)] = 0.24 [kcal/(kg·℃)]
2) 정적비열(C_V) : 부피를 일정하게 하여 가열하였을 때의 비열
3) 비열비(K) : 정적비열에 대한 정압 비열의 비를 말한다.
   ※ 정압비열 > 정적비열 : 정압비열이 항상 크고 정적비열이 항상 작다. 정압 비열이 항상 크다 = 압력이 일정하려면 대기압처럼 열린 공간이며, 이때 기체의 확산에 따른 운동에너지가 포함되기 때문에 가열 에너지가 더 든다. 압력밥솥같이 부피가 밀폐 공간에서 가열된 에너지가 항상 효율적으로 된다.

$$비열비\ K = \frac{C_P}{C_V} > 1$$

   ※ 비열비는 항상 1보다 크다(정압비열 > 정적비열 : 정압비열이 항상 크고 정적비열이 항상 작다는 의미 = 정적비열이 항상 효율적).

(5) 열량 계산방식

1) 현열 구간일 때

$$Q = GC\varDelta T$$
※ 열평형식에서 잘 나오는 식

Q : 열량(현열) [kJ]
G : 물체의 질량 [kg]
C : 비열 [kJ/(kgK)]
$\varDelta T$: 온도차 [℃], [K]

※ 두 단위의 절댓값은 같다.

2) 잠열 구간일 때(온도의 변화가 없다 = 온도 변수가 없다)

$$Q = G \times r$$

Q : 열량(잠열) [kJ]
G : 물체의 중량 [kg]
r : 잠열 [kJ/kg]

※ 물의 증발잠열 2257 [kJ/kg](539 [kcal/kg]), 얼음의 융해잠열 334 [kJ/kg] (79.68 [kcal/kg] 보통 80)으로 계산한다.

(6) 엔탈피와 엔트로피

1) 엔탈피 : 상태함수(경로와 무관한)로 계(System)의 내부에너지와 압력과 부피의 곱을 더한 값이다. 공조냉동에 있어서는 일정한 대기압에서 실내 부피를 기준으로 내부에너지, 즉 현열과 습도에 따른 잠열의 에너지를 고려한 전열값이라고 이해하는 것이 시험을 보기 위한 빠른 이해다.

①
$$i = u + Pv$$

i : 엔탈피 [kJ/kg]
u : 내부에너지 [kJ/kg]
P : 압력 [N/m^2]
v : 비체적 [m^3/kg]

② 단위 : [kJ/kg], [kcal/kg]

2) 엔트로피 : 상태함수로 계의 내부 유용하지 않은 에너지 흐름과 방향을 설명한다. 열이 일로 전환될 수 있는 가능성을 나타내는 것으로 단순하게는 현재 공급되는 엔탈피를 현상 절대온도로 나눈 값으로 정의 할 수 있다. '엔트로피 증가'라는 것은 '무용한 에너지가 늘어난다'로 볼 수 있으며 자연계에서는 엔트로피는 증가하는 방향으로 일어난다.

① 단위 : [kJ/(kg·K)]

Chapter 02 공기조화

01 기본공기조화

1 공기

(1) 공기의 상태변화
  1) 건조공기(Dry Air) : 수증기를 전혀 포함하지 않은 공기
  2) 습공기(Moist Air) : 수증기를 포함한 공기
  3) 포화공기
    ① 공기는 온도에 따라 포함할 수 있는 수증기량에 한계가 있으며 현재 특정 온도에서 최대한도로 수증기를 포함한 공기는 포화공기라고 함
    ② 공기 온도 상승 시 포화압력도 비례 상승하여 보다 많은 수증기를 함유할 수 있게 되며 온도가 내려가면 공기가 함유할 수 있는 수증기 한도도 작아짐
  4) 불포화공기
    ① 최대 포화압력에 도달하지 못한 습공기, 실제의 공기는 대부분의 경우 불포화공기
    ② 포화공기를 가열하면 불포화공기가 되고, 냉각하면 일시적 과포화공기가 되며 일부 수분은 이슬이 맺혀지고 나머지는 포화공기가 됨

(2) 습공기
  1) 습공기의 상태
    습공기는 건공기와 수증기의 혼합기체로서, 공기의 압력을 P라고 하면 건공기 분압 P_a와 수증기 분압 P_w의 합으로 볼 수 있음

    $$P = P_a + P_w$$

    따라서 건공기 분압은 수증기 분압을 제외한 값이다.

    $$P_a = P - P_w$$

    공기와 수증기의 특정기체 상태 방정식을 적용하면

$$\frac{P_w V = GRT}{P_a V = G' R' T}$$
수증기 특정기체상수 R = 0.462 [kJ/(kg·K)]
건공기 특정기체상수 R′ = 0.287 [kJ/(kg·K)]

체적과 온도는 같으므로 $\dfrac{G}{G'} = \dfrac{R' P_w}{R P_a} = 0.622 \dfrac{P_w}{P - P_w}$ 으로 수증기 분압과 습도 사이 관계를 유도할 수 있음

2) 절대습도 : 습공기 중에 포함되어 있는 건공기 1 [kg′]에 대한 수증기의 질량을 말하며, 절대습도는 가습·감습 없이 냉각, 가열만으로는 변화가 없음(다만 이슬점에 도달하지 않은 것으로 전제할 때). 수증기는 공기 중 소량이지만 물의 잠열이 크기 때문에 공기의 열적 성질에 크게 영향을 미침

$$x = \frac{\text{수증기 질량 } [kg]}{\text{건공기 질량 } [kg']}$$

3) 상대습도 : 기온에 따른 습하고 건조한 정도를 백분율로 나타낸 것으로 현재 불포화공기 수증기 분압을 포화공기 수증기 분압으로 나눈 것 또는 현재 불포화공기 중 수증기의 질량을 현재 온도의 포화 수증기 질량으로 나눈 것

① 상대습도는 포화습공기 상태와 현재 습도의 비
   관계 습도라고도 불리며 현재 습공기 수증기 분압과 동일온도에서 포화공기의 수증기 분압과의 비로 정의

$$\phi = \frac{\rho_w}{\rho_s} \times 100 = \frac{P_w}{P_s} \times 100$$

ρ_w : 현재 불포화공기 1 [m³] 중에 함유된 수분의 질량
ρ_s : 포화공기 1 [m³] 중에 함유된 수분의 질량
P_w : 현재 불포화공기 상태에서 수증기 분압
P_s : 동일온도, 동일압력에 대한 포화공기 수증기 분압

② 비습도(비교습도) 또는 포화도 : 비습도는 현재 절대습도와 포화상태의 절대습도의 비

$$\psi = \frac{x}{x_s} \times 100$$

x : 현재 공기의 절대습도 [kg/kg′]
x_s : 동일조건에서 포화습공기의 절대습도 [kg/kg′]

4) 습공기의 비체적과 비중량
① 비체적 : 건조공기 1 [kg]당 습공기 중의 수증기를 포함한 체적 $[m^3/kg\ (dry\ air)]$
② 비중량 : 습공기 1 [m^3]에 포함되어 있는 수증기의 중량 $[N/m^3]$

(3) 엔탈피

1) 건공기 엔탈피(h_a)

$$h_a = C_{pa} t$$

C_{pa} : 건공기 정압비열 ≒ 1.01 $[kJ/(kgK)]$ ≒ 0.24 $[kcal/(kg℃)]$

t : 공기온도

※ 비엔탈피로 표기되는 경우 단위 질량당 엔탈피를 말함. [kJ/kg] 용어에 구분 없이 엔탈피로 표기되나 단위 표현이 [kJ/kg]이라면 비엔탈피

2) 수증기 엔탈피

수증기는 0 [℃]의 물을 기준으로 하므로 물에서 증기로 변화하는 데에 필요한 증발 잠열을 온도만큼의 수증기 정압비열을 계산한 열에 더할 것

$$h_{wa} = \gamma_0 + C_{pw} t$$

γ_0 : 0 [℃] 물의 증발잠열 ≒ 2501 $[kJ/kg]$ ≒ 597.5 $[kcal/kg]$

C_{pw} : 수증기 정압비열 ≒ 1.85 $[kJ/(kgK)]$ ≒ 0.441 $[kcal/(kg℃)]$

※ 증발된 경로에 따라 100 [℃] 수증기의 엔탈피가 다름(이는 압력과 온도에 따라 민감하게 바뀌는 정압비열의 차이 때문에 발생하며, 편의를 위한 근삿값을 사용하는 이유로 차이가 발생한다)

㉠ 0 [℃] 물 ▷ 0 [℃] 수증기 (자연적인) ▷ 100 [℃] 수증기
2501 [kJ/kg] + 1.85 [kJ/(kgK)] · 100 [k] = 2686 [kJ/kg]

㉡ 0 [℃] 물 ▷ 100 [℃] 물 ▷ 100 [℃] 수증기(기계적인)
4.19 [kJ/(kgK)] · 100 [k] + 2257 [kJ/kg] = 2676 [kJ/kg]

3) 습공기 엔탈피 : 건공기와 수증기가 합쳐진 습공기의 비엔탈피

$$h = h_a + x h_{wa} \qquad x : 절대습도$$

∴ 습공기의 비엔탈피는 $h = 1.01t + x(2501 + 1.85t)\ [kJ/kg_{(DryAir)}]$

02 습공기 선도

1 선도

(1) 공기선도

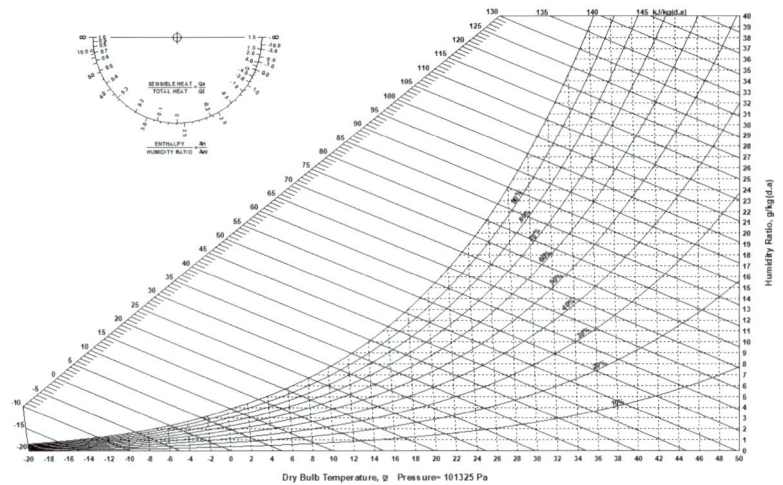

공기는 크게 건공기와 수증기의 혼합물로 두 성분의 독립적 상태변수를 가지고 있다. 이를 선도에 의해 상태량을 한 번에 나타내어 이해하려는 것이 공기선도이다. 선도는 대기압이 일정할 때 습윤공기의 상태량인 건구온도 t, 습구온도 t', 상대습도 φ, 포화도 ψ, 이슬점온도 t'', 엔탈피 h, 절대습도 x 등의 상호관계를 좌표평면에 나타내게 된다. 이 중 절대습도 x와 비엔탈피 h를 사교좌표로 표현하는 $h-x$ 선도가 대표적이다.

(2) 공기선도상 공기 상태 변화

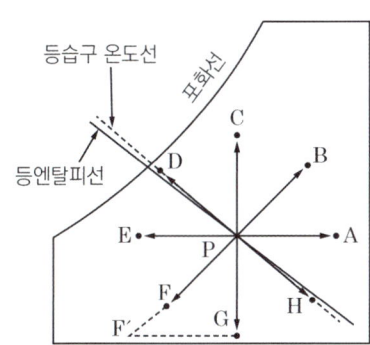

$\overrightarrow{PA}$: 가열 변화
$\overrightarrow{PB}$: 가열 · 가습 변화
$\overrightarrow{PC}$: 등온 · 가습 변화
$\overrightarrow{PD}$: 가습 · 냉각 변화(단열 가습)
$\overrightarrow{PE}$: 냉각 변화
$\overrightarrow{PF}$: 감습 · 냉각 변화
$\overrightarrow{PG}$: 등온 · 감습 변화
$\overrightarrow{PH}$: 가열 · 감습 변화

1) 냉각·감습과 바이패스 팩터

①→③의 상태로 냉각하는 경우 냉각 코일의 노점 온도는 선분 ①-③의 연장선에서 포화곡선과 만나는 점 ②가 노점 온도가 되고, 여기서 BF(By-Pass Factor)는 ③에서 ②의 상태이고 CF(Contact Factor)는 ①에서 ③의 상태

※ 바이패스 팩터는 열전달 없이 냉각되지 않고 통과하는 공기의 비율

① $BF = \dfrac{t_3 - t_2}{t_1 - t_2} = \dfrac{h_3 - h_2}{h_1 - h_2} = \dfrac{x_3 - x_2}{x_1 - x_2}$

② $CF = \dfrac{t_1 - t_3}{t_1 - t_2} = \dfrac{h_1 - h_3}{h_1 - h_2} = \dfrac{x_1 - x_3}{x_1 - x_2}$

③ 바이패스팩터(BF)

$BF = 1 - CF$

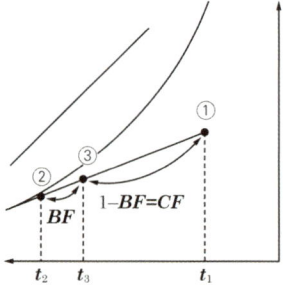

2) 등온가습

① 수분량

$$L = G(x_2 - x_1) \ [kg/h] \qquad G : [kg/h]$$

② 잠열량 q[kJ/h]

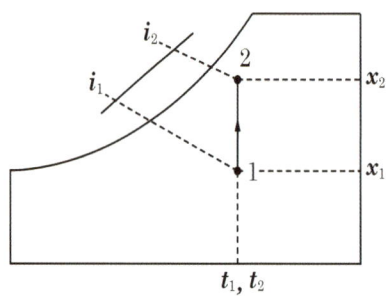

$q = G(i_2 - i_1)$

$q = Q\rho\gamma(x_2 - x_1)$

$\quad = Q \times 1.2 \times 2501(x_2 - x_1)[kJ/h]$

L : 가습량 [kg/h]
G : 공기량 [kg/h]
Q : 풍량 [m³/h]
x : 절대습도 [kg/kg′]
ρ : 공기밀도 [kg/m³]
γ : 물의증발잠열 [kJ/kg]

공조에서의 가습은 에어와셔에서 분무수가 증발가습이 되는 냉각가습과 증기가습이 대표적이다. 위 가습은 가습량 기화잠열만큼 가열을 제공하여 건구온도가 일정하게 유지하는 등온 가습의 형태이다. 에어 와셔를 기준으로 냉각가습 하는 경우 습구선을 따라 변동된다.

3) 가습(에어와셔)

① CF(Contact Factor) 단열 포화효율 η_s과 BF

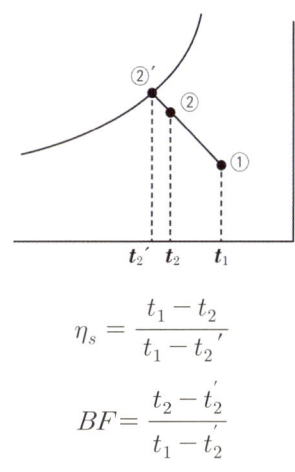

$$\eta_s = \frac{t_1 - t_2}{t_1 - t_2'}$$

$$BF = \frac{t_2 - t_2'}{t_1 - t_2'}$$

② 수 공기비와 가습효율

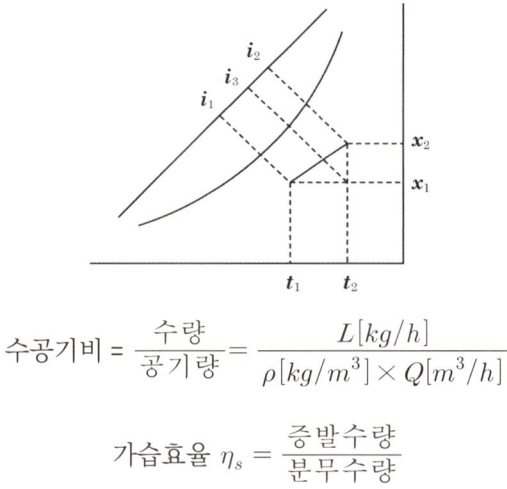

$$\text{수공기비} = \frac{\text{수량}}{\text{공기량}} = \frac{L[kg/h]}{\rho[kg/m^3] \times Q[m^3/h]}$$

$$\text{가습효율 } \eta_s = \frac{\text{증발수량}}{\text{분무수량}}$$

4) 가열·가습
① 가열 열량계산

$$q_s = GC_p(t_2 - t_1) = G(h_3 - h_1) \, [kJ/h]$$

G = 풍량 Q [m³/h] × 공기밀도 ρ [kg/m³]
C_p : 비열 1.01 [kJ/(kg·K)]

② (가습)잠열량

$$q_l = RL = GR(x_2 - x_1) = G \times 2501 \times (x_2 - x_1)$$

L : 가습량 [kg/h] = $L = G(x_2 - x_1)$
R : 물의 증발잠열 [kJ/kg], (0 [℃] 물의 증발잠열 : 2501 [kJ/kg])

③ 총 열량

$$q_t = q_s + q_l = G(i_2 - i_1)$$

④ 열수분비 u는 절대습도의 변화량에 대한 엔탈피 변화량

$$열수분비 \; u = \frac{i_2 - i_1}{x_2 - x_1} = \frac{\Delta i}{\Delta x} = \frac{엔탈피의 \; 변화량}{절대습도의 \; 변화량}$$

i_1 : 상태 2인 공기의 엔탈피 $[kJ/kg]$
i_2 : 상태 3인 공기의 엔탈피 $[kJ/kg]$
x_1 : 상태 1인 공기의 절대습도 $[kg/kg']$
x_2 : 상태 2인 공기의 절대습도 $[kg/kg']$

⑤ 현열비(SHF : Sensible Heat Ratio) : 현열비는 전체 열량의 변화 중 현열량의 변화분을 비율로 나타낸 것

$$SHF = \frac{i_3 - i_1}{i_2 - i_1} = \frac{\Delta i_t}{\Delta i} = \frac{현열의 \; 엔탈피 \; 변화량}{전열의 \; 엔탈피 \; 변화량}$$

냉방부하 계산 단계에서 현열과 잠열로 소비된 열량은 구분하기 위해 산정하는 것으로, $SHF = \dfrac{q_s}{q_s + q_L}$ 으로 표현할 수 있음(q_s : 현열량, q_L : 잠열량)

※ 참조 : 열수분비는 주로 분무 가습하게 되는 난방에서 사용되며, 현열비는 주로 냉방부하 계산 시 사용하게 됨

5) 단열 혼합 : 실내환기(리턴량)를 ① = Q_1, 외기풍량을 ② = Q_2라고 한다면 혼합공기 ③의 건구온도t, 절대습도x 및 엔탈피i는 다음과 같음(산술평균으로 볼 수 있다)

$$t_3 = \frac{t_1 Q_1 + t_2 Q_2}{Q_1 + Q_2} \quad x_3 = \frac{x_1 Q_1 + x_2 Q_2}{Q_1 + Q_2} \quad i_3 = \frac{i_1 Q_1 + i_2 Q_2}{Q_1 + Q_2}$$

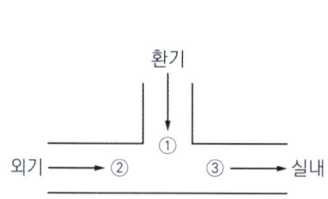
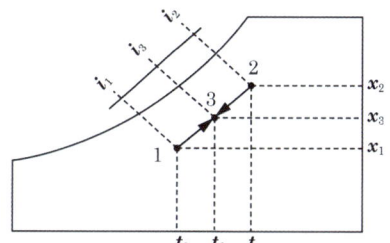

03 냉난방 부하

- 냉방부하에는 실내조건과 외기조건이 필요하다.
- q_{cc} = 실내 취득열량 + 외기부하 + 재열부하 + 기기 취득열량[kJ/h]

1 냉방부하

(1) 냉방부하 계산

실내 냉방부하 계산을 위한 조건에는 벽체, 유리, 극간풍, 인체, 기구 등 취득열량(잠열과 관계되는 취득에는 극간풍, 인체부하가 있다)

1) 외벽, 지붕에서의 태양복사 및 전도에 의한 부하q [kW]

열관류율 [kW/m²K] × 면적 [m²] × 상당 온도차 [K]

$$q = K \times A \times \triangle t$$

※ 상당온도차 : 일사를 받는 외벽체를 통과하는 열량을 산출하기 위해 실내·외 온도차에 축열계수를 곱하여 반영한 온도차를 말한다.

2) 유리로 침입하는 열량 $q = q_1 + q_2$
   ① 복사열량(일사량)
   면적A [m²] × 최대 일사량W [kW/m²] × 차폐계수 K
   $$q_1 = A \times W \times K$$

   ② 관류열량
   면적A [m²] × 유리 열관류율K [kW/m²K] × 실내외 온도차 [K]
   $$q_2 = K \times A \times \triangle t$$

3) 틈새바람에 의한 열량(극간풍)
   ① 현열(감열)
   q_1 = 풍량 [m³/h] × 밀도1.2 [kg/m³] × 비열1.01 [kJ/(kgK)] × 실내외온도차 [K]
   ② 잠열
   q_2 = 풍량 [m³/h] × 밀도1.2 [kg/m³] × 잠열2501 [kJ/kg]
   × 실내외 절대습도차 [kg/kg′]
   ③ 극간풍의 열량 q = q₁ + q₂
   $$현열\ q_1 = Q \times \rho \times C_p \times \triangle t$$
   $$잠열\ q_1 = Q \times \rho \times R \times \triangle x$$
   $$극간풍\ 열량\ q = q_1 + q_2 = Q \times 1.2(1.01\triangle t + 2501\triangle x)$$

   Q : 풍량[m³/h]
   ρ : 공기밀도 1.2 [kg/m³]
   C_p : 공기정압비열 1.01 [kJ/(kgK)]
   R : 0℃ 물의 증발잠열 : 2501 [kJ/kg]
   $\triangle t$: 온도차 [K]
   $\triangle x$: 절대습도차 [kg/kg′]

4) 송풍량 계산
   $$q_s [kJ/h] = \rho Q C \triangle t$$
   $$q_s = 1.2 Q \times 1.01 \times \triangle t$$

   Q : 환기량[m³/h]
   q_s : 현열량

5) 인체에서 발생하는 열량
   ① 현열 = 재실인원수 × 1인당 발생현열량 [kJ/h], [kW]
   ② 잠열 = 재실인원수 × 1인당 발생잠열량 [kJ/h], [kW]
6) 전등부하
   ① 백열등 발열량 = W × 전등수 × 3.6 $[kJ/h]$(0.86 $[kcal/h]$)
   ② 형광등 발열량 = W × 전등수 × 1.25(안정기) × 3.6 $[kJ/h]$(0.86 $[kcal/h]$)
7) 기기열 부하
   팬(Fan), 배관, 덕트, 댐퍼 등에 의해 생기며 실내취득 부하의 10 ~ 20 [%] 사이에서 산정
8) 재열부하
   습도가 높은 경우 공기 중 수분제거를 위해 취출온도 이하 냉각된 공기를 취출온도로 가열 할 때 부하(취출온도차가 큰 경우 콜드레프트 현상으로 확산의 어려움이 있고 취출온도차가 없는 경우 송풍부하가 커지는 단점이 있다)
9) 외기부하
   실내 환기 또는 기계환기의 필요에 따라 외기를 도입하여 실내공기의 온·습도에 따라

$$G = \rho Q_o$$
현열 $q_s = GC(t_o - t_i)[kJ/h]$
잠열 $q_L = GR(x_o - x_i)[kJ/h]$

ρ : 공기밀도 [kg/m³]
Q_o : 외기도입량 [m³/h]
G : 외기도입 공기 질량 [kg/h]
C_p : 공기 비열 [kJ/kg·K]
R : 0 [℃] 물의 증발잠열 2501 [kJ/kg]
t_o, t_i : 실내외 공기의 건구온도 [℃]
x_o, x_i : 실내외 공기의 절대습도 [kg/kg´]

2 난방부하

(1) 방열기

증기, 온수 등의 열매를 사용하여 실내 공기로 열을 방출하는 난방기기이며, 주로 대류난방에 사용되는 직접난방법

1) 방열기 표준방열량
   ① 증기 : 756 [W/m²](증기온도 102°, 실내온도 18.5° 기준)
   ② 온수 : 523 [W/m²](온수온도 80°, 실내온도 18.5° 기준)

2) 난방부하 계산

$$Q[W] = q[W/m^2] \times EDR[m^2]$$

Q : 난방부하 [W], q : 표준방열량 [W/m²], EDR : 상당방열면적 [m²]

3) 방열면적계산

$$방열면적 = \frac{난방부하}{방열기 방열량} \Rightarrow A = \frac{Q}{q}$$

Q : 난방부하 [kJ/h], q : 방열기 방열량 [kJ/m²h], A : 방열면적 [m²]

(2) 방열량 계산

1) 벽체 전열손실 부하 : 구조체에 의한 열손실, 즉 벽, 지붕, 천장, 바닥, 유리창, 문 등

q [W] = 열관류율K [kJ/(m²hK)] × 면적A[m²] × 실내외 온도차 ΔT [K] × 방위계수 k
q = KAΔTk [K]

※ 벽면의 일사로 인한 축열작용으로 실제온도차와 달리 벽체 상당온도차가 고려되는데 문제에서 주어지는 경우 이를 적용하여야 하며, 그 외 구성물에 대하여는 주어지는 경우에만 계산
※ [W](와트)와 [kJ/h]의 단위 환산에 주의

2) 외기부하 및 극간풍 (틈새바람)에 의한 열손실
① 외기부하
외기부하 q, 외기현열부하 q_S, 외기잠열부하 q_L, 도입풍량 Q 라고 하면,
건공기 정압비열 C, 증발잠열 R

$$q = q_S + q_L$$

$$q_S = Q\rho C \Delta T$$

$$q_L = Q\rho R \Delta x$$

$$\therefore q = Q\rho \Delta T + Q\rho R \Delta x = Q\rho \Delta h = G \Delta h$$

3) 가습부하

가습량 : 실내 습도를 일정하게 유지하고자 하는 가습량

$$풍량\, G\,[kg/h] = \rho Q (틈새바람\ 및\ 외기도입량)$$

$$\Delta x : (실내외\ 절대습도차)$$

$$가습량\ G'\,[kg/h] = \rho Q \Delta x$$

$$가습부하[kJ/h] = G \cdot 2686[kJ/kg] \cdot \Delta x = G' \cdot 2686[kJ/kg]$$

※ 가습부하

　잠열 = 0 [℃]에서 수증기 엔탈피 2501 [kJ/kg]

　현열 = 수증기 정압비열 1.85 [kJ/(kgK)] × 100 [K]

　가습부하(전열) = 잠열 + 현열 = 2686 [kJ/kg]

Chapter 03 냉동

01 냉동선도와 냉동사이클

1 냉동의 기초

(1) 냉동

어느 공간 또는 특정한 물체의 온도를 현재의 온도보다 낮게 하고 그 낮게 한 온도를 계속 유지시켜 나가는 것으로 물체 열의 이동 또는 결핍을 냉동이라 한다.
1) 냉장 : 특정 물체가 얼지 않을 정도의 상태에서 저장하는 것
2) 냉각 : 특정 물체의 온도를 상온보다 낮게 내려주는 것
3) 동결 : 수분이 있는 물질을 상하지 않도록 동결점 이하의 온도까지 얼려 버리는 것
4) 제빙 : 상온의 물을 -9 [℃] 저온의 얼음으로 만드는 것
5) 저빙 : 상품화된 얼음을 저장하는 것
6) 제습 : 공기나 제품의 습기를 제거하는 것

(2) 냉동의 원리

1) 자연 냉동법
    ① 고체의 융해잠열 이용
    얼음은 0 [℃]에서 용해할 때 334 [kJ/kg](79.68 [kcal/kg]) 열 흡수
    ② 고체의 승화잠열 이용
    CO_2(드라이아이스)의 승화잠열은 -78.5 [℃]에서 승화할 때 573.6 [kJ/kg] 열 흡수
    ③ 액체의 증발잠열 이용
    N_2, CO_2 등을 이용하면 N_2는 -196 [℃]에서 201 [kJ/kg], -20 [℃]에서 376.8 [kJ/kg]의 열 흡수

2) 기계 냉동법
　① 증기 분사식 냉동법 : 물을 냉매로 하며 이젝터로 다량의 증기를 분사할 때의 부합작용을 이용하여 냉동을 하는 방법
　② 증기 압축식 냉동법 : 액체의 증발잠열을 이용하여 피냉각물로부터 열을 흡수하여 냉각하는 방법으로 냉매의 순환 경로는 증발기, 압축기, 응축기, 팽창밸브 순서로 함
　③ 공기 압축식 냉동기
　　㉠ 공기를 냉매로 하여 팽창기에서 단열 팽창시켜 냉각기에서 열을 흡수
　　㉡ 압축기는 체적이 크고 효율이 나쁨
　　㉢ 줄 - 톰슨 효과를 이용한 것
　④ 흡수식 냉동법 : 증기 압축식 냉동기에 압축기의 기계적 일 대신 가열에 의해 압력을 높여 주기 위하여 흡수기와 가열기가 있으며, 저온에서 용해되고 고온에서 분리되는 두 물질을 이용하는 방법
　　※ 흡수식 냉동장치 용량제어 방법
　　　㉠ 가열 증기 또는 온수 유량 제어
　　　㉡ 바이패스 제어
　　　㉢ 구동열원 입구 제어
　　　㉣ 흡수액 순환량 제어
　　※ 흡수식 냉동기 내용첨부
　⑤ 전자 냉동기(열전 냉동기)
　　㉠ 펠티에 효과 : 어떤 두 종의 다른 금속을 접합하여 이것에 직류 전기를 통하면 접합부에서 열의 방출과 흡수가 일어나는 현상을 이용해 저온을 얻을 수 있다.
　　㉡ 전류의 흐름 방향을 반대로 하면 열의 방출과 흡수가 반대로 됨
　　㉢ 전자 냉동기는 운전부분이 없어 소음이 없고 냉매가 없으므로 배관이 없으며 대기오염과 오존층 파괴의 위험이 전혀 없고 반영구적임

(3) 냉매

냉동사이클 내를 순환하는 동작유체로, 냉동 공간 또는 냉동 물질로부터 열을 흡수하여 다른 공간 혹은 다른 물질로 열을 운반하는 작동유체

1) 무기 화합물 : NH_3, CO_2, H_2O
2) 탄화수소 : CH_4, C_3H_8, C_2H_6
3) 할로겐화 탄화수소 : 프레온
4) 공비 혼합물 : R500, R501, R502 등

(4) 냉매 구비조건

1) 물리적
① 저온에서도 높은 포화압력을 가지고 상온에서 응축액화가 잘될 것
② 응고온도가 낮을 것
③ 임계온도가 높을 것
④ 윤활유, 수분 등과 작용하여 냉동작용에 영향을 미치는 일이 없을 것
⑤ 증발잠열이 크고 액체비열이 작을 것
⑥ 점도와 표면장력이 작을 것
⑦ 누설 발견이 쉬울 것
⑧ 전열작용이 양호할 것
⑨ 비열비가 작을 것
⑩ 터보 냉동기용 냉매는 가스 비중이 클 것
⑪ 전기적 절연내력이 크고 전기절연물질을 침식시키기 않을 것

2) 화학적
① 인화, 폭발성이 없을 것
② 금속을 부식시키지 않을 것
③ 화학적으로 안정될 것

3) 경제적
① 가격이 저렴할 것
② 자동운전이 용이할 것
③ 동일 냉동능력에 대해 소요동력이 적게들 것

4) 생물학적
① 인체에 무해할 것
② 악취가 없을 것
③ 냉장품에 닿아도 냉장품을 손상시키지 않을 것

5) 냉매 이상 현상
① 에멀젼 현상 : 암모니아 냉동장치에서 장치 내 수분이 침투 시 암모니아수가 생성되어 오일의 입자를 미립자로 분리시켜 오일의 빛이 우윳빛으로 변하는 현상
② 동부착 현상 : 프레온 냉동장치에서 수분과 프레온이 작용하여 산이 생성되고 침입한 공기 중산소와 화합하여 압축기 각 부분의 금속표면에 동이 도금되는 현상(장치 내 수분이 많을 때 수소원자가 많은 냉매일수록, 왁스 성분이 많은 오일을 사용할 때 온도가 높은 부분일수록 잘 일어난다)

③ 오일 포밍 현상 : 프레온 냉동기에서 압축기 정지 시 크랭크 케이스 내의 오일 중 용해 프레온 냉매가 압축기 기동 시 압력이 급격히 낮아져 오일과 냉매가 급격히 분리되는데 이 때문에 유면이 약동하여 윤활유에 거품이 일어나는 현상
- 오일 해머링 : 냉동장치에서 오일 포밍 현상이 일어나면 실린더 내부로 다량의 오일이 올라가 오일을 압축하여 실린더 헤드 부에서 이상 음이 발생되는 현상
- 오일 포밍 방지
  크랭크 케이스 내에 오일 히터를 설치하여 기동 30분 ~ 2시간 전에 예열하여 오일과 냉매를 분리시킨 뒤 압축기 기동

(5) 냉매 종류
  1) 1차 냉매(직접 냉매) : 냉동사이클 내를 순환하는 동작유체로, 잠열에 의해 열을 운반하는 냉매
    ① 암모니아(NH_3)와 프레온 등
  2) 2차 냉매(간접 냉매) : NaCl, $CaCl_2$, $MgCl_2$ 등을 말하며, 제빙장치의 브라인, 공조장치의 냉수 등에 해당
    ① 감열에 의해 열을 운반
  3) 유기 화합물 냉매 : R - 6○○으로 명명하되, 부탄계는 R - 60○,
     산소 화합물은 R - 61○, 유황 화합물은 R - 62○, 질소 화합물은 R - 63○으로 명명
  4) 무기 화합물 냉매 : R - 7○○으로 명명하되, 뒤의 2자리에는 분자량을 쓸 것
     ※ 암모니아(NH_3)는 분자량이 17이므로 R - 717, 물은 분자량이 18이므로 R - 718

(6) 암모니아(NH_3) 냉매 특성
  1) 암모니아
    ① 가연성, 폭발성, 독성이며 악취가 있음
    ② 냉동효과가 커서 다른 냉매보다 냉매 순환량이 적어도 되기 때문에 배관이 가늘어도 됨
    ③ 비열비가 냉매 중 제일 큼
    ④ 열저항이 작고 전열효과는 냉매 중에서 가장 큼
  2) 금속에 대한 부식성
    ① 동 및 동합금을 부식시키기 때문에 동관을 사용하지 않음
    ② 수은과 폭발적으로 화합함
    ③ 패킹재료는 천연고무나 아스베스토스를 사용
    ④ 에보나이트, 베이클라이트를 침식시킴
    ⑤ 수분이 있으면 아연을 침식시킴

3) 전기적 성질 : 절연물질을 약화시키기 때문에 밀폐식 냉동기에 부적합
4) 연소성 및 폭발성 : 공기중에서 15 ~ 28 [%] 혼입되면 폭발의 위험성이 있음
5) 독성 : 독성이 강함
6) 윤활유
   ① 윤활유에 잘 융해되지 않음
   ② 수분이 존재하면 에멀션 현상이 일어나 유분리기에서 오일이 분리되지 않고 장치 내로 넘어가서 고임
   ③ 윤활유는 정기적으로 보충
7) 수분
   ① 수분이 침투되면 금속의 부식을 촉진시킴
   ② 수분과 잘 용해하며, 냉동장치 내 수분이 1 [%] 혼합 시 증발온도가 1/2 [℃] 상승

(7) 프레온 냉매 특성
1) 구성 : 탄화수소와 할로겐 원소의 화합물
   ① R - ○○ : 메탄계 탄화수소 (R - 10 ~ R - 50)
      ㉠ R - 12 : CCl_2F_2
      ㉡ R - 22 : $CHClF_2$
   ② R - ○○○ : 에탄계 탄화수소 (R - 110 ~ R - 170)
      ㉠ R - 113 : $C_2Cl_3F_3$
      ㉡ R - 123 : $C_2HCl_2F_3$
2) 호칭법
   ① 10자리 : 메탄계, 100자리 : 에탄계
   ② 100자리수 -1 : C의 수
   ③ 10자리수 +1 : H의 수
   ④ 1자리수 : F의 수
3) 물리적 & 열역학적 특성
   ① 비등점 범위가 넓음
   ② 전열이 불량하기 때문에 전열면적을 넓혀주기 위해 핀 튜브 사용
   ③ 오일과 용해
   ④ 수분의 용해도는 극히 작음
   ⑤ 절연내력이 크고 전기 절연물을 침식하지 않으므로 밀폐형 냉동기에 사용 가능

4) 화학적 특성
　① 열에 대해 안정
　② 불연성이며 비폭발성
　③ 독성이 없음
　④ 염소가 많은 것은 에테르 냄새가 남
　⑤ 강이 촉매로 존재하면 가수분해가 일어나 산을 생성하여 금속을 부식시킴
　⑥ 마그네슘을 2 [%] 이상 함유하는 알루미늄합금을 부식
　⑦ 강, 주물, 동, 아연, 주석, 알루미늄 및 이들의 합금 기계구성용 금속재료의 자유로운 선택

5) 일반적인 프레온계열
　① R - 11(CCl_3F), R - 12(CCl_2F_2)
　② R - 13($CClF_3$), R - 21($CHCl_2F$)
　③ R - 22($CHClF_2$), R - 113($C_2Cl_3F_3$)
　④ R - 114($C_2Cl_2F_4$)

6) 혼합냉매 : 2종의 냉매 혼합 시 그 혼합 비율이 특정 비율이 아니면 액상, 기상의 혼합 비율이 다르게 되고 냉동장치 중에도 2종의 냉매 각각의 특성을 가짐
　① 공비 혼합냉매 : 2종의 냉매를 어떤 특정 비율로 혼합하면 각각 냉매의 특성과는 다른 단일냉매의 특성을 나타내게 되며, 액상 혹은 기상에서의 혼합비율이 같은 것
　② 종류 : R - 500, R - 501, R - 12

(8) 브라인

증발기에서 발생하는 냉매의 냉동력을 피 냉각물질 또는 냉각물질에 열전달의 중계 역할을 하는 2차 냉매로, 냉매는 잠열에 의해 열을 운반하고 브라인은 현열에 의해 열을 운반

1) 브라인 구비조건
　① 부식성이 없을 것
　② 열용량이 클 것
　③ 응고점이 낮을 것
　④ 점성이 작을 것
　⑤ 누설되어도 냉장품에 손상이 없을 것
　⑥ 가격이 저렴할 것
　⑦ 비열이 클 것

⑧ 열전도율이 클 것
⑨ 불연성일 것
⑩ 구입이 용이할 것

2) 브라인 종류

① 무기질 브라인

탄소(C)를 포함하지 않고 금속의 부식력이 크며, 가격이 저렴하다.
종류에는 NaCl, CaCl$_2$, MgCl$_2$가 있다.

㉠ 염화나트륨(NaCl) 수용액
- 주로 식품 냉동에 사용
- 가격이 저렴
- 공정점 : -21 [℃]
- 비중 : 1.15 ~ 1.18
- 부식력이 브라인 중 가장 큼

㉡ 염화칼슘(CaCl$_2$) 수용액
- 공업용으로 사용(제빙용으로 사용)
- 공정점 : -55 [℃]
- 비중 : 1.2 ~ 1.24
- 흡습성이 강하고 누설되어 식품에 닿으면 떫은맛이 나기 때문에 식품 저장용으로는 사용하지 않음

㉢ 염화마그네슘(MgCl$_2$) 수용액
- 현재 거의 사용되지 않음
- 공정점 : -33.6 [℃]

※ 공정점 : 두 물질을 용해시키면 농도가 짙어질수록 응고온도가 낮아지는데, 어느 일정한 농도 이상이 되면 다시 응고온도가 높아진다. 이때 응고하는 최저온도를 뜻함

※ 부식성 : NaCl > MgCl$_2$ > CaCl$_2$

② 유기질 브라인

㉠ 탄소를 포함한 브라인으로 가격이 비쌈
㉡ 부식력이 작음
- 에틸렌글리콜 : 부식성이 무기질 브라인보다 작으며 소형 기계에 사용
- 메틸렌클로라이드, R - 11 : 초저온에 사용
- 프로필렌글리콜 : 부식성이 작고 독성이 없으며 냉동식품 동결용으로 사용

③ 브라인 금속 부식성
　㉠ 배관은 모두 금속이므로 약알칼리성이 약산성보다 좋음(금속은 산에 약함)
　㉡ 브라인은 대개 pH 7.5 ~ 8.2로 유지
　㉢ 중성은 부식성이 작으나 산성·알칼리성으로 갈수록 부식성이 증가
　㉣ 암모니아가 브라인 중에 누설되면 알칼리성이 강해져 국부적으로 부식이 일어남
　㉤ 브라인이 공기와 접촉 시 부식력이 커짐

④ 브라인 동파 방지대책
　㉠ 부동액 첨가
　㉡ 동파방지용 온도조절기 설치
　㉢ 증발압력조정밸브 설치
　㉣ 순환펌프와 압축기 모터를 인터록시킴
　㉤ 단수릴레이 설치(단수릴레이 : 냉동기의 냉각수 또는 냉수의 통수량이 감소했을 경우 냉동기 운전을 중지하는 안전릴레이)

(9) 윤활유 구비조건
　1) 응고점이 낮고 인화점이 높을 것
　2) 점도가 알맞고 변질되지 않을 것
　3) 윤활유 소비량이 적을 것
　4) 장기 휴지 중 방청능력이 있을 것
　5) 수분이 포함되지 않으며 불순물이 없고 전기적인 절연내력이 클 것
　6) 저온에서 왁스 분리가 되지 않으며 냉매가스 흡수가 적을 것

(10) 윤활유 사용 목적
　1) 마모 방지
　2) 기계적 효율 향상과 소손 방지
　3) 유막 형성으로 냉매가스 누설 방지
　4) 냉각작용으로 패킹재료를 보호
　5) 패킹 보호
　6) 진동·소음·충격 방지

(11) 윤활유 열화

오일을 장기간 운전하면 산화되어 색깔이 붉게 되는데, 이는 유중에 유기산 중합물, 에스테르 및 금속이 부식되어 유중에 섞여 흐려지게 되는 현상

⑿ 윤활방식

1) 비말식 : 소형 압축기의 윤활방식이며, 크랭크의 밸런스 웨이터 끝부분에 오일디프가 크랭크실의 오일을 쳐올려서 윤활시킴

　① 장점
　　㉠ 제작이 간편
　　㉡ 고장이 없음
　② 단점
　　㉠ 정밀부분까지 윤활이 곤란
　　㉡ 불필요한 부분에 윤활이 되어서 오일의 소비가 많음
　　㉢ 유면이 일정해야 함

2) 압력식 : 중·대형 압축기의 윤활방식이며, 크랭크축 끝에 오일펌프가 있어 크랭크실의 오일에 압력을 가하여 윤활시킴

　① 장점
　　㉠ 정밀부분까지 윤활이 가능
　　㉡ 유면이 일정하지 않아도 됨
　　㉢ 회전속도와 윤활속도가 비례
　② 단점
　　㉠ 오일펌프가 고장 나면 압축 운전이 불가능
　　㉡ 제작이 어려우며 제작비가 고가임

⒀ 유압 상승 원인

1) 유압계 불량　　　　　　　　2) 오일 과충전
3) 유순환 회로가 막혔을 때　　4) 유압조정밸브 불량
5) 유온이 낮을 경우

⒁ 유압 저하 원인

1) 유압계 불량　　　　　　　　2) 오일 중 냉매 혼입
3) 유온이 높을 경우　　　　　4) 유여과망이 막혔을 경우
5) 유배관에서의 누설　　　　　6) 유압조정밸브 불량
7) 기어펌프 고장

2 냉동선도와 냉동사이클

(1) 기본 냉동사이클

냉동사이클은 압축, 응축, 팽창, 증발 4요소를 순환하면서 냉매를 액체에서 기체로, 기체에서 액체로 반복하면서 이루어짐

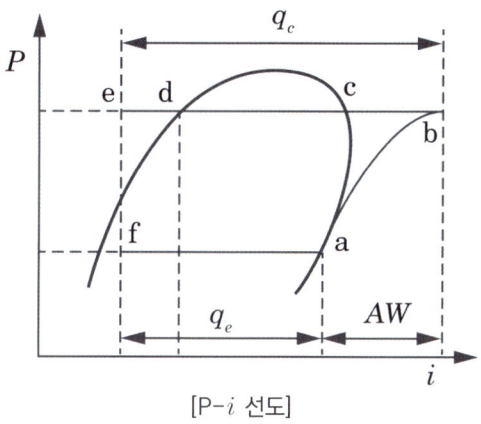

[P-i 선도]

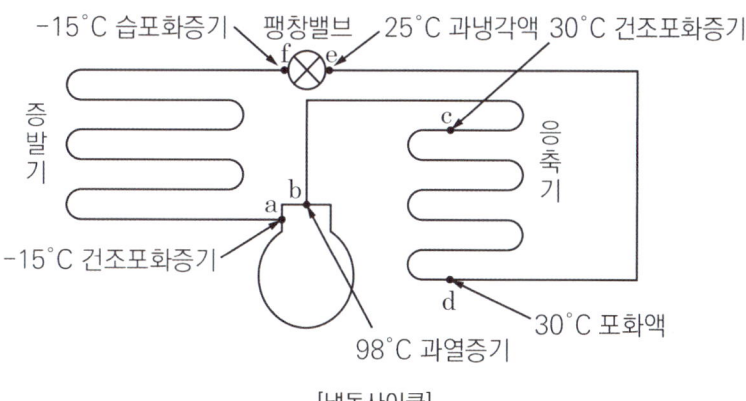

[냉동사이클]

1) 압축(a → b)

① 냉매 기체를 액화하기 쉬운 상태로 만듦
② 증발기에서 기화된 냉매를 압축기로 흡입시켜 증발기 냉매 압력을 낮게 유지

2) 응축(b → e)
    ① 압축기에서 나온 과열증기를 열교환시켜서 액화시킴
    ② 응축기에는 냉매의 상태가 기체, 액체로 공존하고 있는 상태이며, 기체에서 액체로 변화하는 동안 기화잠열을 모두 흡수하기 전까지는 압력과 온도가 일정한 관계를 유지함
    ③ 외부와 열교환하여 방출하는 열을 응축열이라 하고, 이 열은 증발기에서 흡수한 열과 압축하기 위해 가해진 일의 열당량을 합한 값임
    ④ 응축기에서 액화되는 과정은 압력과 온도가 일정하나 응축기 전체에서 엔탈피는 감소함

3) 팽창(e → f)
    ① 액화한 냉매를 증발기에서 기화하기 쉬운 상태의 압력으로 조절하는 감압장치
    ② 감압작용을 함과 동시에 증발온도에 따라 필요한 냉매량을 조절하여 공급하는 유량제어 장치

4) 증발(f → a)
    ① 증발기 내의 액냉매는 기화하면서 냉각관 주위에 있는 공기 또는 물질(브라인)로부터 증발에 필요한 열을 흡수함
    ② 외부로부터 열을 흡수하는 장치
    ③ 열을 빼앗긴 공기(또는 물질)는 냉각되어 온도가 낮아진 상태에서 자연대류 또는 fan에 의해 강제 대류되어 냉장고 내에 퍼져 저온으로 유지시킴
    ④ 팽창밸브를 통하여 감압되어 저온도로 되며 증발하는 과정에서는 압력과 온도가 일정한 관계를 유지하면서(냉매가 모두 증발하여 증발잠열을 모두 충족하기 전까지는) 변화가 없음

(2) 몰리에르 선도

냉동에서는 모든 이론적 계산에 P-h 선도가 일반적으로 사용되면 세로축에 절대압력, 가로축은 엔탈피를 잡아 이들의 관계를 선도로 나타낸 것이며, 이때 P-h 선도를 냉동 몰리에르 선도라고 한다.

1) 과냉각액 구역 : 동일 압력하에서 포화 온도 이하로 냉각된 액의 구역
2) 과열증기 구역 : 건조포화증기를 더욱 가열하여 포화온도 이상으로 상승시킨 구역
3) 습포화증기 구역 : 포화액이 동일 압력 하에서 동일 온도의 증기와 공존할 때의 상태구역
4) 포화액선 : 포화온도 압력이 일치하는 비등 직전 상태의 액선
5) 건조포화증기선 : 포화액이 증발하여 포화온도의 가스로 전환한 상태의 선

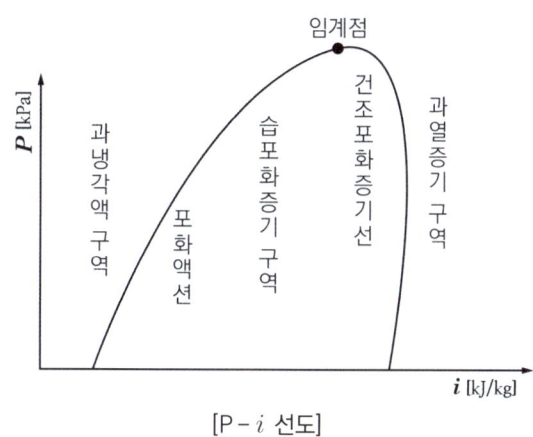

[P-i 선도]

(3) 몰리에르 선도의 구성요소

1) 등압선(P : [MPa], [kPa])
   ① 횡축과 나란하며 절대압력이 대수 눈금으로 표시되어 있음
   ② 한 선상의 압력은 과냉, 습증기, 과열증기 구역이 모두 동일
   ③ 증발 및 응축압력을 알 수 있음
   ④ 압축비를 구할 수 있음

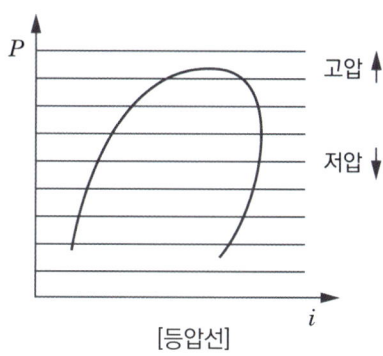

[등압선]

2) 등엔탈피선(i : [kJ/kg])
   ① 종축과 평행하며 횡축에 취한 눈금으로 표시되어 있음
   ② 이 선상의 엔탈피는 같음
   ③ 냉동효과, 응축방열량, 소요동력의 계산이 가능
   ④ 0 [℃] 포화상태의 엔탈피는
      100 [kcal/kg] ≒ 419 [kJ/kg]
      0 [℃] 건조공기의 엔탈피는 0으로 함
   ⑤ 팽창기 : 엔탈피 불변

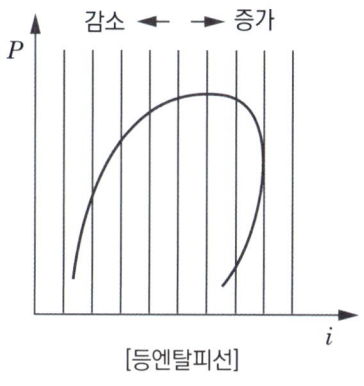

[등엔탈피선]

Chapter 03. 냉동

3) 등온선(t : [K], [℃])
   ① 과냉각 구역에서는 세로축에 나란
   ② 습증기 구역에서는 등압선과 평행
   ③ 과열증기 구역에서는 급경사로 내려옴
   ④ 증발온도, 응축온도, 흡입가스온도, 토출가스 온도를 알 수 있음

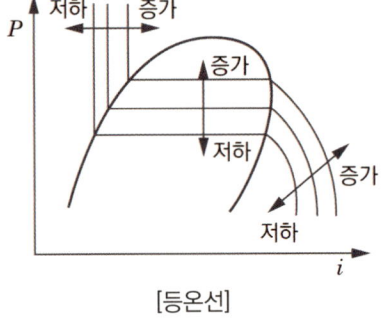
[등온선]

4) 등 엔트로피선(S : [kJ/(kg·K)])
   ① 습증기 구역과 과열증기 구역만 존재
   ② 압축 과정은 이론상 단열압축으로 간주하므로 등 엔트로피선을 따라 진행
   ③ 엔트로피가 같은 점을 이은 선으로 왼쪽 아래에서 급경사를 이루면서 상향한 곡선
   ④ 압축기 : 엔트로피 불변

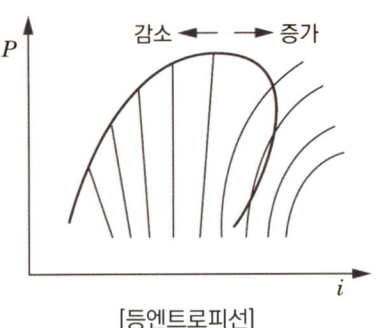
[등엔트로피선]

5) 등 비체적선(v : [m³/kg])
   ① 습증기구역과 과열증기 구역에만 존재
   ② 흡입증기의 비체적을 알 수 있음

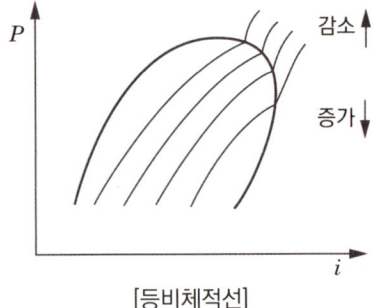
[등비체적선]

6) 등 건조도선(x)
   ① 포화액선과 포화증기선 사이(습포화 증기구역)를 10등분하여 표시
   ② 포화액의 건조도는 0이며 건조포화 증기의 건조도는 1
   ③ 냉매 1 [kg]이 포함하고 있는 증기량을 알 수 있음

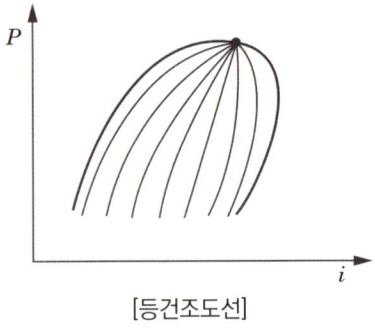
[등건조도선]

7) 압축냉동사이클과 몰리에르 선도
   ① 과냉각도가 크면 클수록 팽창밸브 통과 시 플래시가스 발생량이 감소하므로 냉동 능력이 증대됨
   ② 과냉각도 = 응축온도(t_c) - 팽창밸브 직전액온도(t_f)
      ㉠ a → b : 압축기
      ㉡ b → e : 응축기(b ~ c : 과열 제거 과정, c ~ d : 응축 과정, d ~ e : 과냉각 과정)
      ㉢ e → f : 팽창밸브
      ㉣ f → a : 증발기
      ㉤ g → f : 팽창 직후 플래시 가스 발생량

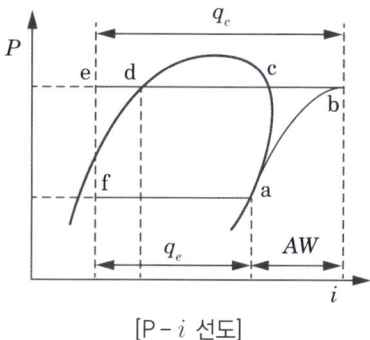

[P-i 선도]

(4) 기준 냉동사이클

냉동기 능력을 측정하기 위해 일정한 기준이 필요한데, 정해진 온도와 조건에 의한 사이클을 기준 냉동사이클이라 한다. 다음과 같은 조건에서 발생할 수 있는 표준 냉동톤의 수로서 능력을 계산한다.

1) 응축온도(응축 압력에 대한 포화온도) : 30 [℃](86 [℉])
2) 과냉각도 : 5 [℃]
3) 증발온도(흡입 압력에 대한 포화온도) : -15 [℃](5 [℉])
4) 압축기 흡입가스 : 건조포화증기(-15 [℃])

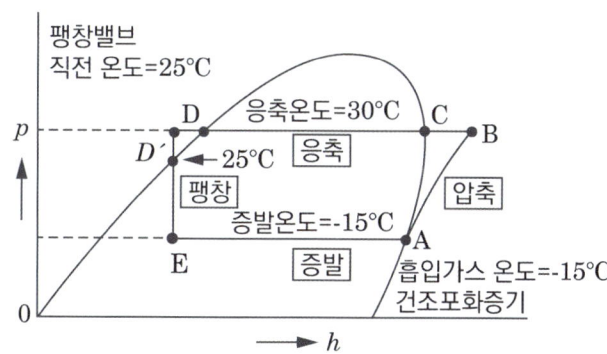

[P-h 선도상의 기준 냉동사이클 표시]

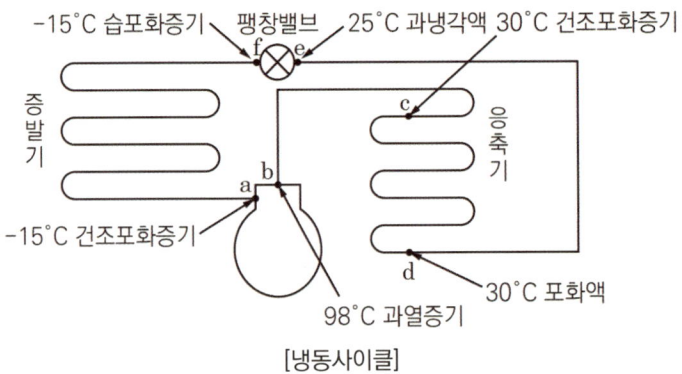

[냉동사이클]

(5) 2단 압축 냉동사이클

냉동기의 증발온도가 너무 낮으면 이에 따라 증발압력이 저하하기 때문에 저압가스를 1단으로 압축할 경우 압축비가 커진다. 이렇게 압축비가 높아지면 압축기 토출가스의 온도가 높아지고 체적효율이 감소하여 냉동능력이 감소하며, 소요동력이 현저히 증가함으로써 동력이 낭비된다. 이러한 현상을 방지하기 위해 증발온도가 너무 낮을 경우 또는 압축비가 큰 경우에는 증발기를 나오는 저압냉매를 2단으로 나누어 저단압축기는 저압을 중간압력까지만 상승시키고, 이 중간압력이 된 가스를 중간냉각기(인터쿨러)로 냉각한 후 고단압축기로 고압까지 올려 주는 2단 압축방식을 채택한다.

1) 2단 압축 냉동사이클

① 2단 압축 1단 팽창밸브

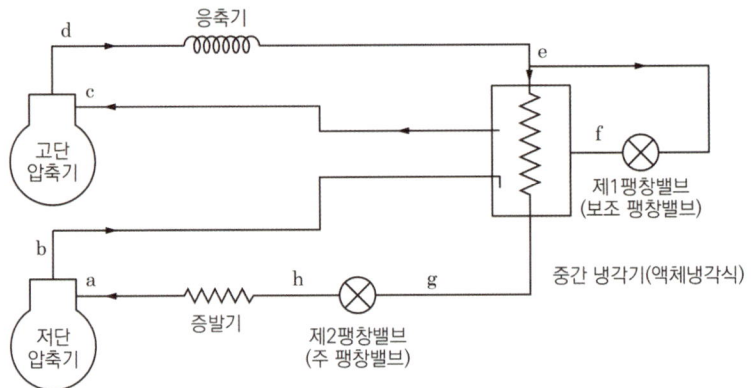

[2단 압축 1단 팽창 장치도]

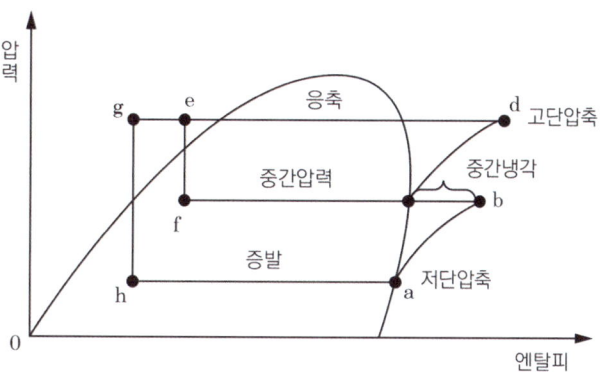

[2단 압축 1단 팽창 P-i 선도]

② 2단 압축 2단 팽창사이클

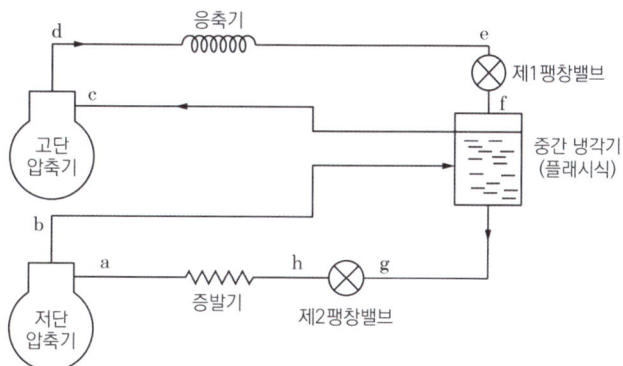

[2단 압축 2단 팽창장치도]

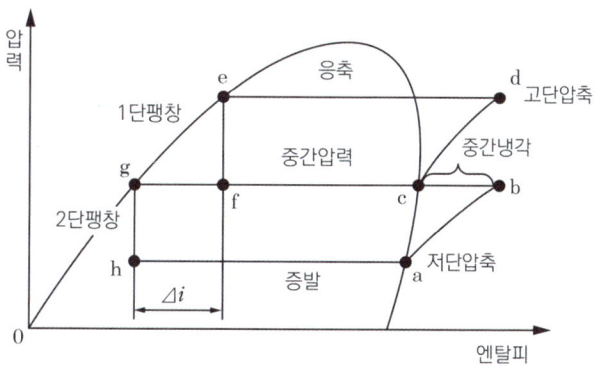

[2단 압축 2단 팽창 P-i 선도]

※ 플래시 현상

액화되어 있는 냉매가 조건(압력과 온도)에 따라 재 증기가 되는 현상(보통 기화되어야 있어야 할 냉매가 액화되어 있는 상태에서 변화를 일으키는 현상을 말한다)

③ 중간 냉각기 역할
㉠ 고단 압축기의 액압축 방지
㉡ 저단 압축기 토출가스 온도의 과열도를 제거하여 고단 압축기 과열 압축을 방지해서 토출가스 온도 상승을 감소
㉢ 팽창밸브 직전의 액냉매를 과냉각시켜 플래시 가스의 발생량을 감소시켜 냉동효과 향상

(6) 2원 냉동장치

-70 [℃] 이하의 초저온장치가 되면 다단압축방식으로는 초저온의 실현이 곤란해지기 때문에 냉동장치의 개량으로서 다원냉동방식이 채용

1) 저온냉동기에 사용되는 냉매 : R - 13, R - 14, R - 50(메탄), 에틸렌, 프로판(R - 290)
2) 고온냉동기에 사용되는 냉매 : R - 12, R - 22
3) 캐스케이드 콘덴서 : 2원 냉동사이클 저온 측 응축기와 고온 측 증발기를 조합하여 저온 측 응축기의 열을 효과적으로 제거하여 응축액화를 촉진 시켜주는 일종의 열교환기
4) 2원 냉동 장치의 구조 : 고온 측 냉매와 저온 측 냉매를 사용하는 두 개의 냉동사이클을 조합하는 형태로 된 초저온장치로 2단 냉동장치와 계산식

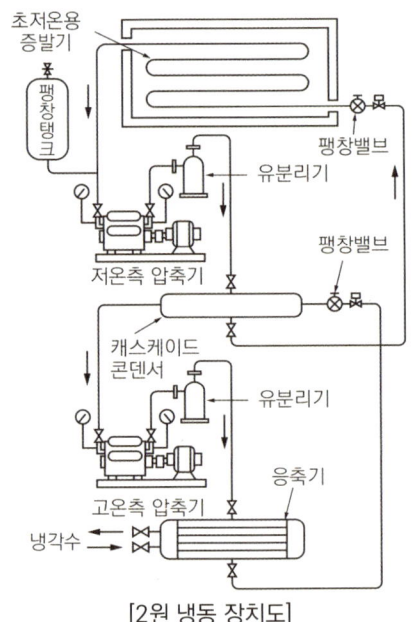

[2원 냉동 장치도]

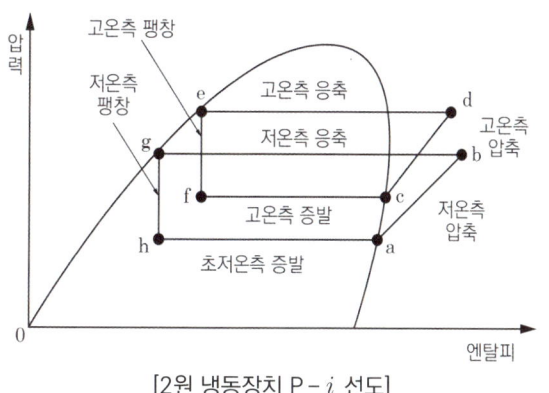

[2원 냉동장치 P-i 선도]

(7) 카르노 사이클

열기관의 이상 사이클이며 현실적으로 실현 불가능하며 완전 가스를 작업물질로 하는 두 개의 가역 등온 과정과 두 개의 가역 단열 과정으로 구성

1) 카르노 사이클 원리
① 동작물질의 온도를 열원의 온도와 같게 함
② 같은 두 열원에 작동하는 모든 가역 사이클은 효율이 같음
③ 열기관의 이상 사이클로서 최대의 효율을 가짐

2) 카르노 사이클의 P-v, T-s 선도
① 1 → 2 : 등온 팽창(열량 Q_1을 받아 등온 T_1을 유지하면서 팽창하는 과정)
② 2 → 3 : 단열 팽창 과정(외부에 일을 하는 과정)
③ 3 → 4 : 등온 압축 과정(열량 Q_2를 방출하고, 등온 T_2를 유지하면서 압축하는 과정)
④ 4 → 1 : 단열 압축 과정

※ 유효일 $W = Q_1 - Q_2 = T_h - T_l$

열효율 $\eta_c = \dfrac{\text{유효일}(W)}{\text{공급열량}(Q_1)} = \dfrac{Q_1 - Q_2}{Q_1} = 1 - \dfrac{Q_2}{Q_1} = \dfrac{T_h - T_l}{T_h}$

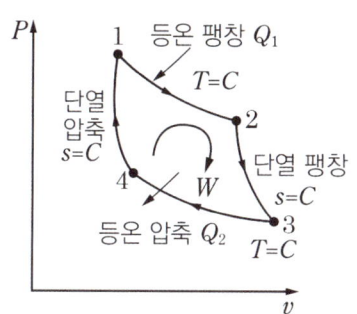
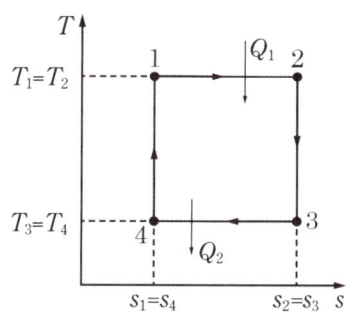

(8) 역카르노 사이클

증기 압축식 냉동사이클의 원리

1) 역카르노 사이클의 P - v 선도

① 4 → 3 : 등온 팽창(열량 Q_2를 받아 등온 T_2를 유지하면서 팽창하는 증발과정)

② 3 → 2 : 단열 압축
(외부에서 일을 받아 저온저압의 기체를 고온고압으로 압축하는 압축과정)

③ 2 → 1 : 등온압축(열량 Q_1을 방출하고 등온 T_1을 유지하면서 압축하는 응축과정)

④ 1 → 4 : 고온고압의 기체를 터빈에서 저온저압으로 팽창하는 팽창밸브의 과정으로 실제 냉동장치에서는 고온고압의 액냉매를 교축과정으로 저온저압의 냉매로 만드는 과정

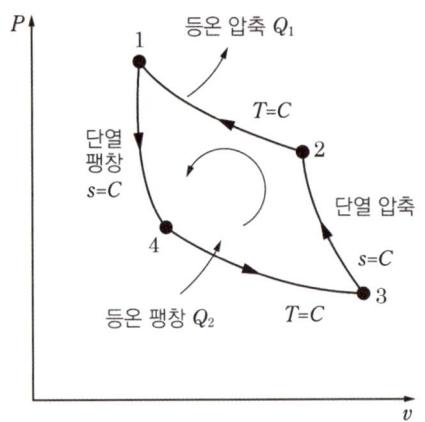

※ 압축일 $AW = T_h - T_l$

성적계수 $COP = \dfrac{냉동열량\, q_e}{압축일\, AW} = \dfrac{T_l}{T_h - T_l}$

02 냉동부하 계산

1 기본 냉동사이클 열량계산

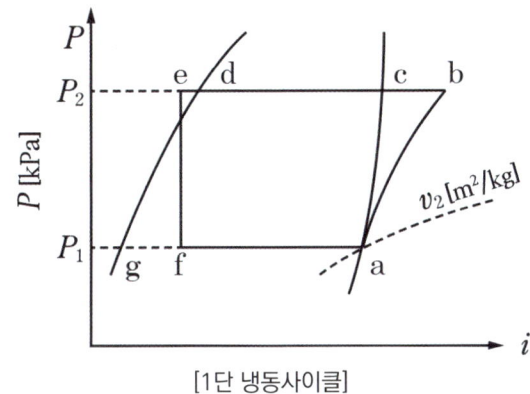

[1단 냉동사이클]

(1) 냉동효과(냉동력) : 냉매 1 [kg]이 증발기에서 흡수하는 열량

$$q_e = i_a - i_f \; [kJ/kg]$$

(2) 냉동능력 : 증발기에서 시간당 흡수하는 열량(냉매량에 따른 총 냉동효과)

$$Q_e = G q_e = G(i_a - i_e) = \frac{V}{v_a} \eta_v (i_a - i_e) \; [kJ/h]$$

V : 피스톤 압출량 [m³/h]
v_a : 흡입가스 비체적 [m³/kg]
η_v : 체적효율

(3) 냉동톤

$$RT = \frac{Q_e}{13900.8 \, [kJ/h]} = \frac{Gq_e}{13900.8} = \frac{V(i_a - i_e)}{13900.8 \, v_a} \eta_v \; [RT]$$

(4) 냉매순환량 : 시간당 냉동장치를 순환하는 냉매의 질량

$$G = \frac{Q_e}{q_e} = \frac{V}{v_a} \eta_v = \frac{Q_c}{q_c} = \frac{N}{AW} \; [kg/h]$$

V : 피스톤 압출량 [m³/h]
v_a : 흡입가스 비체적 [m³/kg]
η_v : 체적효율

(5) 압축일

$$AW = i_b - i_a \, [kJ/kg]$$

(6) 응축기 방출열량 : 냉매가스로부터 제거하는 열량

$$q_c = q_e + AW = i_b - i_e \, [kJ/kg]$$

(7) 성적계수

　1) 이론 성적계수

$$COP = \frac{q_e}{AW} = \frac{T_2}{T_1 - T_2}$$

　2) 실제 성적계수

$$COP = \frac{q_e}{AW}\eta_c \eta_m = \frac{Q_e}{N}$$

T_1 : 고압(응축) 절대온도 [K]
T_2 : 저압(증발) 절대온도 [K]
η_c : 압축효율
η_m : 기계효율
Q_e : 냉동능력 [kJ/h]
N : 축동력 [kJ/h]

(8) 압축비

$$a = \frac{P_2}{P_1}$$

P_1 : 압축기 1차 측 압력
P_2 : 압축기 2차 측 압력

(9) 체적효율

　1) 체적효율에 미치는 영향

　　① 압축비가 클수록 체적효율 감소
　　② 회전수가 클수록 체적효율 감소
　　③ 실린더 체적이 작을수록 체적효율 감소
　　④ 냉매 종류, 실린더 체적, 밸브 구조, 실린더 냉각 등에 의해 체적효율이 좌우됨
　　⑤ 클리어런스가 크면 체적효율 η_v 감소

$$\eta_v = \frac{G'}{G} = \frac{v}{v'} \times \frac{V'}{V}$$

G : 이론적 냉매 흡입량 [kg/h]
G' : 실제로 흡입하는 냉매량 [kg/h]
v : 실린더에 흡입 직전의 비체적 [m³/kg]
v' : 실린더에 흡입 후의 비체적 [m³/kg]
V : 피스톤 압출량 [m³/h]
V' : 실제 흡입되는 냉매가스량 [m³/h]

⑩ 왕복식 압축기 피스톤 압출량 V

$$V = \frac{\pi}{4} D^2 \times L \times N \times Z \times 60 \, [m^3/h]$$

D : 실린더 지름 [m]
L : 행정 [m]
N : 회전수 [rpm]
Z : 기통수

2 2단 냉동사이클 열량계산

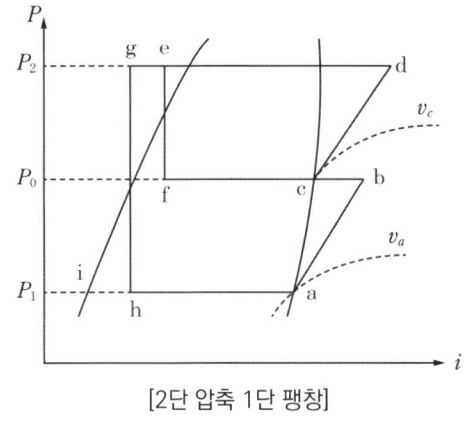

[2단 압축 1단 팽창]

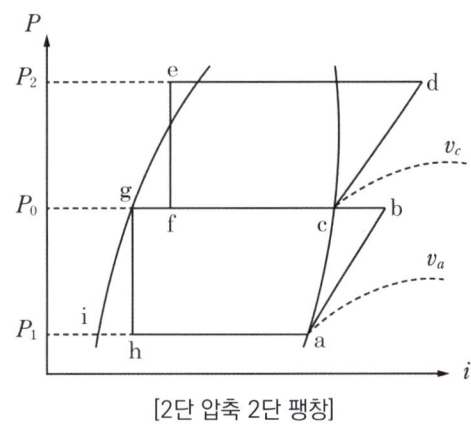

[2단 압축 2단 팽창]

(1) 냉동효과

$$q_e = i_a - i_h \, [kJ/kg]$$

(2) 성적계수

$$COP = \frac{Q_e}{N_L + N_H}$$

(3) 압축비

$$a = \sqrt{\frac{P_2}{P_1}}$$

(4) 중간압력

$$P_o = \sqrt{P_1 P_2} \ [kPa]$$

3 온도계산

(1) 온도차 [℃] 계산

1) 냉각수 온도차

$$\Delta t = t_{w_2} - t_{w_1}$$

2) 산술 평균온도차

$$\Delta t_m = t_c - \frac{t_{w_1} + t_{w_2}}{2}$$

3) 대수 평균온도차

$$MTD = \frac{\Delta_1 - \Delta_2}{2.3 \log \frac{\Delta_1}{\Delta_2}} \fallingdotseq \frac{\Delta_1 - \Delta_2}{\ln \frac{\Delta_1}{\Delta_2}}$$

$\Delta_1 = t_c - t_{w_1}$

$\Delta_2 = t_c - t_{w_2}$

t_c : 응축온도 [℃]

t_{w_1} : 냉각수 입구온도 [℃]

t_{w_2} : 냉각수 출구온도 [℃]

Chapter 04 제어

01 공조냉동설비 제어

1 펌프 및 송풍기

(1) 상사의 법칙

닮은꼴의 두 펌프가 역학적으로 같은 꼴을 되기 위한 조건을 나타내는 법칙

1) 회전수 N [rpm]에 따른 상사의 법칙

유량	$\dfrac{Q_2}{Q_1} = \dfrac{N_2}{N_1}$	유량비는 회전수비에 정비례
양정	$\dfrac{H_2}{H_1} = \left(\dfrac{N_2}{N_1}\right)^2$	양정비는 회전수비 제곱에 비례
축동력	$\dfrac{kW_2}{kW_1} = \left(\dfrac{N_2}{N_1}\right)^3$	축동력비는 회전수비 세제곱에 비례

※ 펌프 제어에 있어 회전수를 제어하는 것이 가장 효율적인 방법

2) 임펠러 직경에 따른 상사의 법칙

유량	$\dfrac{Q_2}{Q_1} = \left(\dfrac{D_2}{D_1}\right)^3$	유량비는 임펠러 직경비 세제곱에 비례
양정	$\dfrac{H_2}{H_1} = \left(\dfrac{D_2}{D_1}\right)^2$	양정비는 임펠러 직경비 제곱에 비례
축동력	$\dfrac{kW_2}{kW_1} = \left(\dfrac{D_2}{D_1}\right)^5$	축동력비는 임펠러 직경비 오제곱에 비례

3) 복합조건

유량	$\dfrac{Q_2}{Q_1} = \left(\dfrac{N_2}{N_1}\right) \times \left(\dfrac{D_2}{D_1}\right)^3$
양정	$\dfrac{H_2}{H_1} = \left(\dfrac{N_2}{N_1}\right)^2 \times \left(\dfrac{D_2}{D_1}\right)^2$
축동력	$\dfrac{kW_2}{kW_1} = \left(\dfrac{N_2}{N_1}\right)^3 \times \left(\dfrac{D_2}{D_1}\right)^5$

(2) 유효흡입양정(NPSHre)과 필요흡입양정

1) 필요흡입양정(NPSH)

펌프가 캐비테이션 현상(공동화현상)을 일으키지 않고 정상작동을 전제로 하는 흡입양정으로 요구되는 양정

※ 필요흡입양정 ≤ 유효흡입양정이어야 정상적인 펌프 작동이 가능

2) 유효흡입양정(NPSHre)

정상적으로 작동되는 최고위 펌프위치 측 양정

① 펌프가 수면보다 높은 경우

유효흡입양정
= 대기압(또는 국소대기압) - 포화수증기압(현재) - 마찰손실 - 펌프높이

② 펌프가 수면보다 낮은 경우

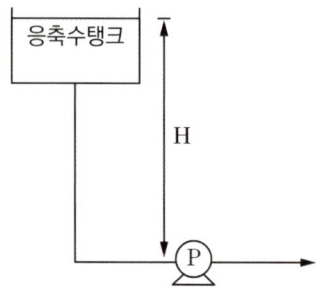

※ 유효흡입양정
= 대기압(또는 국소대기압) - 포화수증기압(현재) - 마찰손실 + 펌프높이

※ 기본적으로 양정의 단위는 [mAq]

(3) 펌프의 이상 현상

1) 캐비테이션 현상(공동화 현상) : 펌프 흡입 측 배관에서 발생할 수 있는 현상으로 상태 온도에 따라 형성된 포화수증기압이 끌어올리려는 물의 압력보다 커질 경우 물은 급격히 증발되고 기포가 형성되어 빈 공간을 만들게 되는 현상으로 진동, 소음을 수반하고 양수불능을 초래

　① 원인
　　㉠ 펌프 1차 측 배관의 마찰손실이 클 때
　　㉡ 펌프가 수원보다 높아 흡입수두가 과대할 때
　　㉢ 물의 온도가 높아 포화수증기압이 클 때
　　㉣ 펌프 1차 측 배관의 유속이 빠를 때
　　㉤ 펌프 임펠러 회전속도가 빠를 때

　② 방지법
　　㉠ 펌프 1차 측 배관의 마찰손실이 적은 배관을 사용
　　㉡ 펌프의 높이를 낮춤
　　㉢ 배관을 보온재 등으로 온도상승을 방지
　　㉣ 펌프 1차 측 배관의 관경을 큰 것으로 하거나 양흡입을 사용
　　㉤ 펌프 임펠러 회전속도를 낮춤

2) 맥동현상 : 여러 원인으로 펌프 2차 측 송출량이 주기적으로 변화하여 배관의 진동과 소음을 동반하는 현상으로 배관 및 기기의 파손 우려가 있음

　① 원인
　　㉠ 펌프의 산형 양정곡선의 정상 직전 상승부에서 운전 시
　　㉡ 펌프 2차 측 배관 중 공기탱크 또는 공기고임 등 원인이 존재할 때
　　㉢ 유량조절밸브의 위치가 토출 측과 멀고 중간에 물탱크 등이 있을 때

　② 방지법
　　㉠ 양수량 또는 임펠러 회전수의 변경
　　㉡ 공기고임의 우려가 있는 경우 제거
　　㉢ 유량조절밸브를 펌프 2차 토출 측 직후 설치
　　㉣ 플렉시블이음, 진동방지 중량기반 등 진동방지 대책을 적극 사용

3) 수격작용 : 유체의 운동에너지가 관로의 급격한 각도 변화 또는 밸브의 급격한 조작에 따라 부딪히고 매질에 따라 반사되어 돌아와 고 압력원으로 충격을 동반하는 현상으로 배관 및 기기의 파손 우려가 있음

① 원인
㉠ 관로의 급격한 각도 변화
㉡ 관로의 급격한 축소
㉢ 펌프의 급격한 기동, 정지 또는 밸브의 급격한 조작

② 방지법
㉠ 수격방지기를 발생 우려 위치에 설치
㉡ 배관의 관경을 크게 하여 유속을 낮춤
㉢ 밸브는 송출구 가까이 천천히 제어
㉣ 플라이 휠 등 펌프의 급격한 속도변화를 방지

(4) 신축이음

신축이음은 열응력에 의한 신축팽창을 흡수하기 위해 설치

1) 슬리브형이음(미끄럼형) : 이경 미끄럼 이음
2) 벨로스형이음(주름통식) : 벨로즈의 변형에 의해 신축을 흡수
3) 스위블형이음 : 2개 이상의 엘보를 사용하여 신축을 흡수(보편적)
4) 루프형이음 : 신축곡관이라고도 하며 휨에 의해 배관의 신축을 흡수(가장 큰 신축을 흡수)

(5) 강관의 종류

1) 배관용 탄소강관 : SPP
2) 압력 배관용 탄소강관 : SPPS
3) 고압 배관용 탄소강관 : SPPH
4) 고온 배관용 탄소강관 : SPHT
5) 배관용 스테인리스강 강관 : STS

(6) 밸브의 종류

1) 게이트밸브 : 유체의 차단(On/Off)을 주목적
2) 글로브밸브 : 유량 조절용 밸브
3) 앵글밸브 : 출입 유체의 방향이 90°가 되는 밸브
4) 콕 : 콕을 90° 회전시켜 유체의 흐름을 차단하고 유량을 정지시키는 밸브로 신속한 개폐 가능

5) 체크밸브 : 유체를 한 방향으로 유동시키고 급수의 역류를 방지하기 위한 밸브
6) 감압밸브 : 압력을 낮추어 일정하게 유지시켜주는 밸브
7) 버터플라이밸브 : 나비형 밸브로 원통형의 몸체 속에서 밸브 스템을 축으로 하여 원관이 회전함으로써 개폐를 행하는 밸브로 공기고임의 우려가 있고 유속저항이 크다.

(7) 보온재 구비조건

1) 무기질과 유기질로 구분된다.
① 무기질탄산마그네슘, 글라스울, 석면, 규조토, 암면, 규산칼슘, 세라믹 파이버
② 유기질 : 펠트류, 텍스류, 탄화코르크, 기포성수지
2) 보온재 구비조건
① 열전도율이 작을 것
② 비중이 작을 것
③ 불연성일 것
④ 흡수성이 작을 것

(8) 펌프의 직병렬 접속

1) 펌프의 직렬접속 : 동일한 펌프의 직렬접속은 양정(압력)을 두 배로 만들고 유량의 변함은 없다(유량 일정, 양정 2배).
2) 펌프의 병렬접속 : 동일한 펌프의 병렬접속은 유량을 두 배로 만들고 양정(압력)은 변함은 없다(유량 2배, 양정 일정).
※ 건전지의 직병렬 접속과도 기본 개념은 같다. 이는 전기의 흐름을 기계적 원리로 규정하였기 때문이다. 예를 들어 동일 전지의 직렬접속은 전압[V]을 두 배로 만드나 전류량[mmA]은 변함이 없고 전지의 병렬접속은 전류량을 두 배로 만드나 전압은 변함이 없음과 같다.

(9) 펌프와 송풍기의 동력계산

구분	펌프	송풍기
전달동력(송풍기동력)	$[kW] = \dfrac{1000HQ}{102\eta}K$	$[kW] = \dfrac{PQ}{102\eta}K$
축동력(송풍기출력)	$[kW] = \dfrac{1000HQ}{102\eta}$	$[kW] = \dfrac{PQ}{102\eta}K$
수동력(공기동력)	$[kW] = \dfrac{1000HQ}{102}$	$[kW] = \dfrac{PQ}{102}$

⑩ 송풍기 번호

　　1) 송풍기 번호

　　　　① 다익형 송풍기 번호 $No. = \dfrac{임펠러\ 지름(mm)}{150}$

　　　　② 축류형 송풍기 번호 $No. = \dfrac{임펠러\ 지름(mm)}{100}$

⑪ 송풍기 취출구

　　1) 축류 취출구

　　　　① 노즐형 취출구 : 천장형, 벽형

　　　　② 펑커루버 : 천장형, 벽형

　　　　③ 베인격자취출형 : 천장형, 벽형

　　　　④ 슬롯 취출구 : 천장형

　　　　⑤ 다공판 취출구 : 천장형, 벽형, 바닥형

　　2) 복류 취출구

　　　　① 팬형 취출구 : 천장형으로, 천장 덕트의 아래쪽에 원형이나 방형판을 부착하고, 여기에 취출한 공기를 스치게 하여 천장면과 평행으로 불어내는 것

　　　　② 아네모스탯형 취출구 : 천장형

⑫ 댐퍼

　　1) 풍량조절 댐퍼(VD : Volume Damper) : 주 덕트의 주요 분기점, 송풍기 출구 측에 설치되며 날개의 열림 정도에 따라 풍량을 조절 또는 폐쇄의 역할을 함

　　　　① 종류

[버터플라이 댐퍼(소형개폐용)]

[스프릿 댐퍼(분기부 풍량조절용)]

[루버 댐퍼(평형익형 : 대형덕트 개폐용, 대향익형 : 풍량조절용)]

2) 방화 댐퍼(FD : Fire Damper) : 화재발생시 덕트를 통해 다른 곳으로 화재가 번지는 것을 방지하기 위해 방화구역을 관통하는 덕트 내에 설치된 차단장치

3) 방연 댐퍼(SD : Smoke Dapmer) : 연기감지기와의 연동으로 연기감지 시 덕트를 폐쇄

2 냉동기의 종류

(1) 냉동기 및 열원의 종류

1) 압축식 냉동기

① 압축식 냉동기의 종류 : 회전식(로터리,스크류식), 원심식, 왕복동식

② 운전 순환과정 : 압축 → 응축 → 팽창 → 증발 → 압축으로

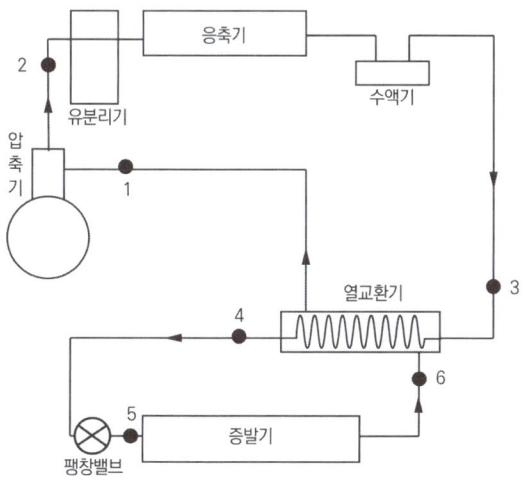

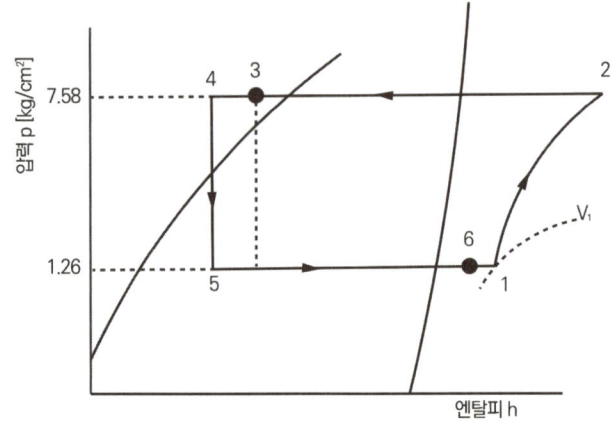

③ 특징
ㄱ 장점 : 운전 용이, 초기 설치비 저렴
ㄴ 단점 : 소음이 크며 전력소비가 큼
2) 흡수식 냉동기
① 운전 순환과정
증발 → 흡수 → 발생 → 응축 → 증발

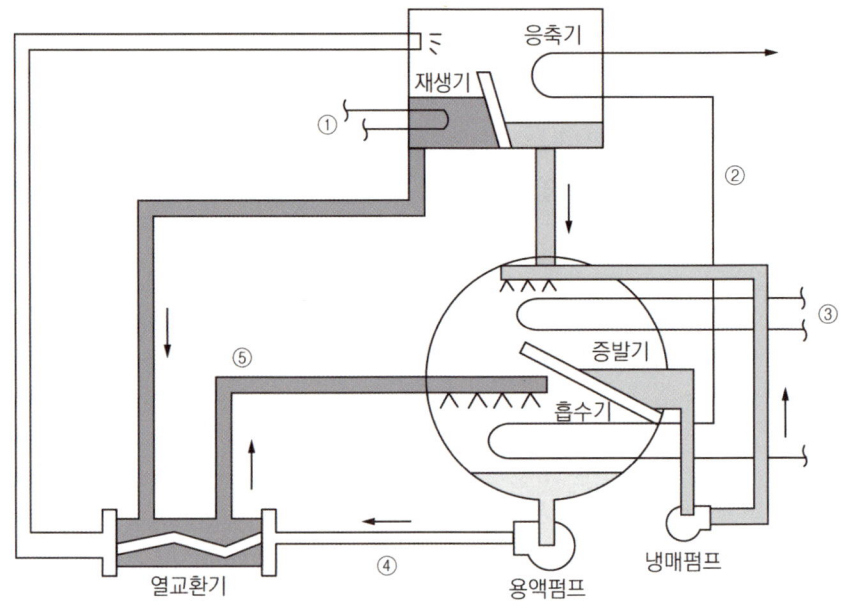

구분	①	②	③	④	⑤
유체명	증기	냉각수	냉수	혼합용액	흡수용액

유체명	설명
증기	재생기에서 가열원으로 이용되는 열매로서 증기나 고온수를 사용한다.
냉각수	응축기와 흡수기를 냉각시켜주는 냉각수이다.
냉수	증발기의 증발잠열을 이용하여 냉수를 얻는다.
희석용액	증발기에서 증발한 냉매를 흡수액이 흡수하여 묽은 용액(희석용액)상태로 열교환기를 거쳐 재생기로 공급된다.
농축용액	재생기에서 냉매를 증발시킨 진한 흡수용액(농축용액)으로 고온상태이므로 저온의 희석용액과 열교환하여 흡수기로 공급된다.

※ 2중 효용 흡수식 냉동장치 : 고온 발생기(재생기)와 저온 발생기(재생기) 즉, 두 개의 재생기를 가지는 냉동장치

② 특징

    ㉠ 장점 : 소비전력이 적으며, 소음이 적음

    ㉡ 단점 : 보일러 등 열원이 필요함

3) 빙축열 시스템

  ① 특징

    ㉠ 장점 : 심야전력을 이용하여 경제적이며, 공조기기 중 냉열원설비의 용량을 줄일 수 있음. 냉원 공급이 안정적(보조)역할 및 간헐 운전에 적합

    ㉡ 단점 : 빙축열의 보온 등 취급이 까다로움

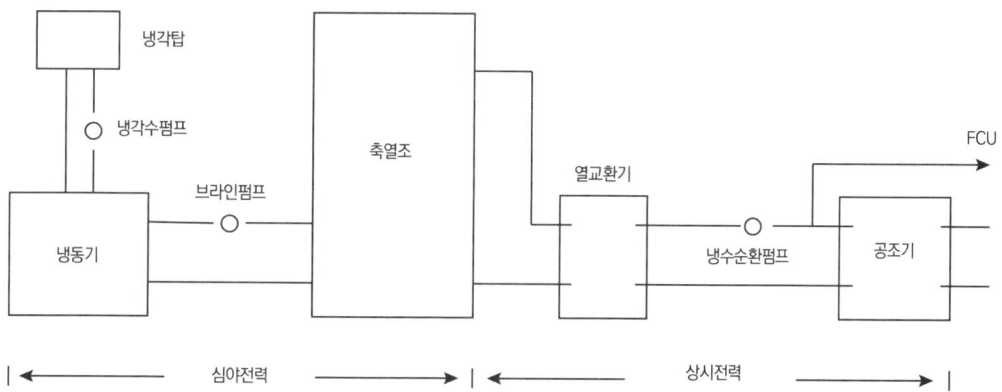

4) 히트 펌프(Heat Pump)
　① 응축기의 방열작용을 이용하여 난방
　② 냉동장치의 1 [kW] 전력소비로 3 ~ 4 [kW]의 전력소비의 전열기와 동등한 난방 가능
　③ 실내 측과 실외 측에 각각의 열교환기를 두고, 실내 측 열교환기는 여름에 증발기로 사용하고 겨울에는 응축기로 사용
　④ 히트 펌프의 겨울철의 저온 측 열원으로 공기 또는 정수 및 지열 등을 이용

5) 보일러의 종류
　① 주철제 보일러
　　내식성, 내구성이 우수하고 유지보수가편리하며 설치가 용이
　② 입형 보일러
　　소형이며 수직형(입형)으로 협소한 장소에 설치가 용이
　③ 노통연관 보일러
　　고압, 고효율로 산업용이나 내구성이 나쁘고 고가이며, 취급 시 예열시간이 길어 어려움. 그러나 부하변동 적응성이 있음
　④ 수관식 보일러
　　다수의 수관으로 벽을 구성하고 헤더가 존재, 산업용 대규모로 증기발생이 매우 빠르고 열효율이 좋으며, 보유수량이 적음

3 압축기

(1) 압축기에 따른 냉동기 분류

1) 원심식(터보식) : 임펠러의 고속회전에 의해 압축하는 방식

> [터보 냉동장치의 장점]
> ① 마찰부분이 없으므로 마모로 인한 기계적 성능저하나 고장이 적음
> ② 자동운전이 용이하며 정밀한 용량 제어 가능
> ③ 회전운동이므로 진동 및 소음이 없음
> ④ 흡입밸브가 없고 압축기 연속적임
> ⑤ 왕복동의 최대 용량은 150 [RT] 정도이지만, 일반적으로 터보 냉동기는 최저용량이 150 [RT] 이상임
> ⑥ 장치가 유닛으로 되어 있기 때문에 설치면적이 작음

2) 회전식(로터리식) : 로터의 회전에 의해 압축하는 방식
3) 왕복동식 : 피스톤의 왕복운동으로 행하는 압축방식
4) 스크루 압축기 : 2개 이상의 스크루(기어)의 회전운동에 의해 압축하는 방식

(2) 압축기 종류

1) 왕복동식 압축기

외부에서 일을 공급받고 저압증기를 실린더 내에서 압축하여 고압으로 송출하는 용적식 기계이며 중고압, 소용량 용도에도 적용

2) 회전 압축기 : 소형 냉동장치에 많이 사용

① 장점
  ㉠ 체적효율이 100 [%]에 가까우며, 고진공을 얻을 수 있음
  ㉡ 흡입밸브 없이 역류방지밸브가 설치되어 연속 흡입·토출하며 토출밸브가 있음
  ㉢ 소음, 진동이 적고 정숙한 운전이 되므로 실내에 설치하는 냉동장치에 적합

② 단점
  ㉠ 압축기 정비 보수가 어렵고 제작 시 정밀도가 요구됨
  ㉡ 압축기 흡입 측에 액분리기 또는 열교환기 등이 반드시 필요
  ㉢ 실린더 내부가 고온·고압으로 압축기 및 윤활유를 냉각시키는 장치가 필요

3) 스크루 압축기 : 서로 맞물려 돌아가는 암나사와 수나사의 나선형 로터가 회전하면서 냉매증기를 연속적으로 압축시키는 동시에 배출

① 장점
  ㉠ 소형으로 가볍고 부품수가 적고 수명이 길음
  ㉡ 액압축 및 오일 해머링이 적어 진동이 없다(NH_3 자동운전에 적합).
  ㉢ 무단계 용량 제어(10 ~ 100 [%])가 가능하고 흡입 토출밸브와 피스톤이 없어 장시간의 연속 운전이 가능(흡입 토출밸브 대신 역류방지밸브 설치)

② 단점
  ㉠ 경부하 시 기동동력이 크다.
  ㉡ 정비보수가 어렵고 설치 시 정밀도가 요구됨
  ㉢ 오일펌프를 따로 설치하여야 하며 오일 회수기 및 유냉각기가 큼

※ 기타 : 중저속 입형 압축기, 고속 다기통 압축기가 있다.

4 응축기

(1) 응축기 종류

압축기로부터 나온 고온고압의 가스냉매를. 물 또는 공기로 냉각시켜 응축시키는 장치

1) 셸 앤드 튜브식 응축기

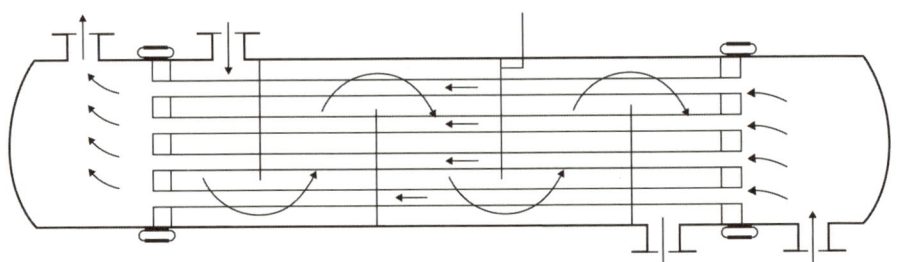

입형의 원통 상하 경판에 바깥지름 50 [mm]인 다수의 냉각관을 설치한 것으로 셸 내에는 물이 고르게 흐르게 하기 위해 소용돌이를 일으키는 물 분배기를 설치한 열교환장치

① 장점
  ㉠ 가격이 저렴하다.
  ㉡ 전열이 양호하고 과부하에 견딤
② 단점
  ㉠ 냉각관이 부식되기 쉬움

2) 공랭식 응축기

냉각관을 핀 튜브관으로 하여 자연대류에 의한 통풍을 시키는 응축기로 지름 5 [mm]인 동관 안으로 냉매가스를 통과시키고 그 외면을 공기로 냉각시켜 냉매를 응축시키는 형식으로 자연 대류식과 강제 대류식이 있다.

① 특징
  ㉠ 냉각수 사용이 불가능한 곳에 사용
  ㉡ 배관 및 배수설비가 불필요
  ㉢ 보통 2~3 HP 이하의 소형 냉동장치의 아황산, 염화메틸, 프레온 등에 사용
  ㉣ 공기의 전열작용이 불량하므로 응축온도와 압력이 높아 크기가 커짐

3) 증발식 응축기

냉매가 흐르는 관에 노즐을 이용해 물을 분무시키고 상부에 있는 송풍기로 공기를 보내며 관 표면에서 물의 증발열에 의해 냉매가 액화되는 응축기로 수랭식 응축기와 공랭식 응축기의 작용을 혼합한 것. 겨울철에는 공랭식으로 사용할 수 있다

① 특징
  ㉠ 물의 증발잠열을 이용하여 냉각수 소비량이 적음
  ㉡ 전열작용은 공랭식보다 양호하나 수랭식보다 나쁨
  ㉢ 응축압력(응축온도)이 제일 높다.
  ㉣ 응축기 내부의 압력강하가 크고 소비동력이 큼

5 팽창밸브

(1) 팽창밸브의 역할

1) 고압의 냉매액을 저압의 증발기로 팽창 증발시켜 저온을 얻기 위한 밸브
  ① 고압 측과 저압 측 간에 소정의 압력차를 유지
  ② 냉동부하의 변동에 의해 증발기에 공급하는 냉매량 제어
  ③ 밸브의 교축작용에 의해 온도와 압력이 낮춤
  ④ 냉매 공급의 제어
    ㉠ 냉매 공급이 부족하면 과열 운전이 됨
    ㉡ 냉매 공급이 지나치면 액압축이 됨

(2) 종류

1) 수동 팽창밸브
  ① 일반 스톱밸브와 구조가 비슷
  ② 암모니아 냉동장치, 대형장치, 제빙장치에 사용
  ③ 자동 팽창밸브의 Bypass Valve로 사용

2) 정압식 자동 팽창밸브
  ① 증발기 내의 냉매 증발 압력을 항상 일정하게 유지
  ② 증발기 내 압력이 높아지면 벨로즈가 밀어 올려져 밸브가 닫히고, 압력이 낮아지면 벨로즈가 줄어들어 밸브가 열려져 냉매가 많이 들어옴
  ③ 냉동부하 변동이 심하지 않은 곳, 냉수 브라인의 동결 방지에 쓰임
  ④ 부하 변동에 민감하지 못한다는 단점이 있음

3) 모세관식
① 응축기와 증발기간의 압력비가 일정하게 유지되어 스스로 냉매 유량이 조절됨
② 모세관 속의 압력강하는 안지름에 반비례
③ 모세관이 길어지면 압력강하가 커짐
④ 안지름이 작은 모세관 입구에는 필터가 필요
⑤ 고압측에 액이 고이는 부분(수액기 등)을 설치하지 않는 것이 좋음
⑥ 전기냉장고, 윈도 쿨러, 소형 패키지에 많이 사용

4) 온도식(감온·조온) 팽창밸브
증발기 출구 냉매의 과열도를 일정하게 유지하게 냉매 유량을 조절하는 밸브

① 구조 및 작용
  ㉠ 감온통에는 냉동장치의 동일한 냉매 충전
  ㉡ 증발기 출구 냉매의 과열도가 증가하면 감온통 속의 냉매의 부피가 늘어나 밸브 개방
  ㉢ 증발기 출구 냉매의 온도가 정상보다 저하되면 폐쇄
  ㉣ 증발기관에 압력강하가 클 때는 외부균압형을 사용

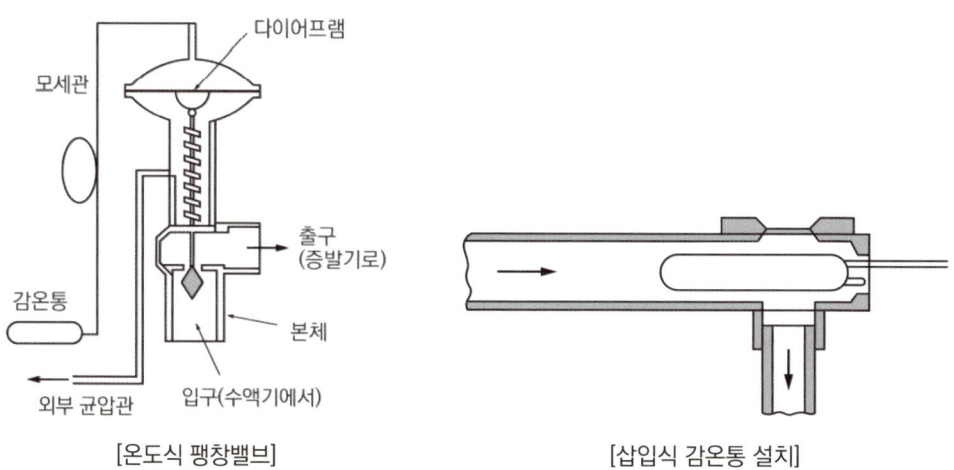

[온도식 팽창밸브]   [삽입식 감온통 설치]

② 외부균압의 배관
  ㉠ 감온통을 지나 압축기 쪽에 배관
  ㉡ 관은 흡입관 상부에 연결
  ㉢ 흡입관에 컨트롤 장치가 있을 때는 컨트롤밸브에서 증발기 쪽에 설치

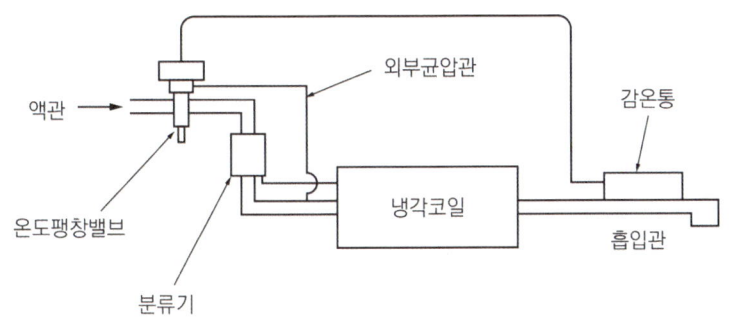

[압력강하를 고려한 외부균압관 설치]

5) 파일럿밸브식 온도 자동 팽창밸브
  ① 보통의 온도 자동 팽창밸브는 크기에 한도가 있어 대형에 부적당
  ② 100~270 RT, R-12를 사용하는 냉동장치에는 파일럿밸브식 팽창밸브가 잘 사용되며, 이는 주 팽창밸브와 파일럿으로서 사용되는 소형 온도 자동 팽창밸브로 구성
  ③ 파일럿은 증발기에서 나오는 냉매 과열도에 의해 작동하고 이 작동에 의해 주 팽창밸브가 열림
  ④ 대용량에 사용되며, 만액식에는 사용 불가능

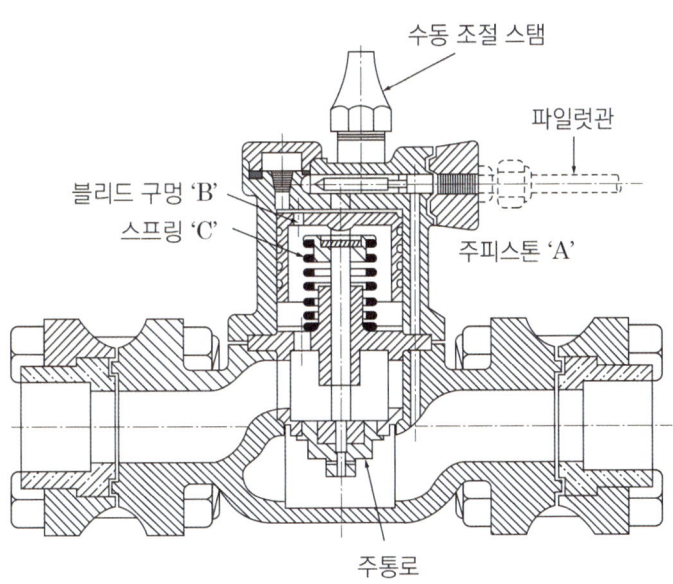

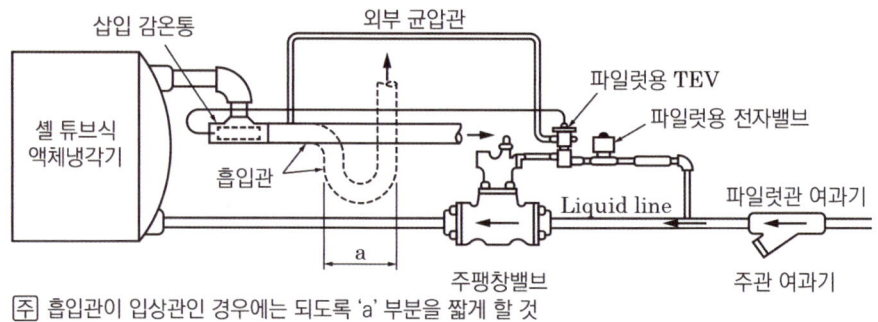

[파일럿식 자동 팽창밸브의 배관도]

6) 저압 측 플로트밸브
   ① 저압 측에 정착되어 증발기 내 액면을 일정하게 해 줌
   ② 증발기 내 액면이 상승하면 부자에 의해 밸브가 닫히고, 액면이 내려가면 반대로 밸브가 열림
   ③ 부자실 상·하부에 균압관이 연락되어 있음
   ④ 증발온도가 일정하지 않을 때는 증발 압력 조정밸브를 설치
   ※ 플래시 가스란 일반적으로 증발기가 아닌 곳에서 증발한 냉매가스
   이러한 가스가 많이 발생하면 실제 증발기로 공급되는 액량이 적어 손실이 많음
   ㉠ 발생원인
      • 압력손실이 있는 경우
         ⓐ 액관이 현저하게 수직 상승된 경우
         ⓑ 각종 밸브의 사이즈가 현저하게 작은 경우
         ⓒ 액관이 현저하게 지름이 가늘고 긴 경우
         ⓓ 여과기가 막힌 경우
      • 주위 온도에 의해 가열될 경우
         ⓐ 수액기에 광선이 비쳤을 경우
         ⓑ 액관이 보온되지 않았을 경우
         ⓒ 너무 저온으로 응축되었을 경우
   ㉡ 대책
      • 열교환기를 설치하여 액냉매액을 과냉각시킴
      • 액관을 보온하고 액관의 압력손실을 작게 해줌

7) 고압 측 플로트밸브
　① 고압 측 냉매 액면에 의해 작동
　② 증발기의 부하 변동에 민감하지 못함
　③ 부자실 상부에 불응축가스가 모일 염려가 있음

6 증발기

(1) 액냉매 공급에 따른 종류
　1) 건식 증발기
　　① 냉매량이 적게 소비되나 전열작용이 나쁨
　　② 냉장식에 주로 사용하며, 냉각관에 핀을 붙여 공기냉각용에 주로 사용
　　③ 오일이 압축기에 쉽게 회수
　　④ 증발기 출구에 적당한 냉매의 과열도가 있게 조정되므로 액분리기의 필요성이 적다.

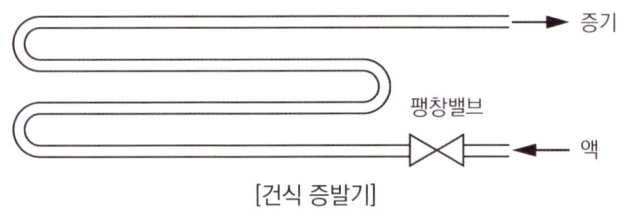

[건식 증발기]

　2) 만액식 증발기
　　① 증발기에 들어가기 전에 체크밸브를 설치하여 가스의 역류를 방지
　　② 증발기 내의 대부분은 항상 일정량의 액으로 충만하게 하여 전열작용을 양호하게 한 것
　　③ 액냉매가 압축기로 흡입될 우려가 있으므로 액분리기를 설치하여 가스만 압축기로 공급하고 액은 증발기에 재사용
　　④ 증발기에 윤활유가 체류할 우려가 있기 때문에 프레온 냉동장치에서 윤활유를 회수시키는 유분리기가 필수적임

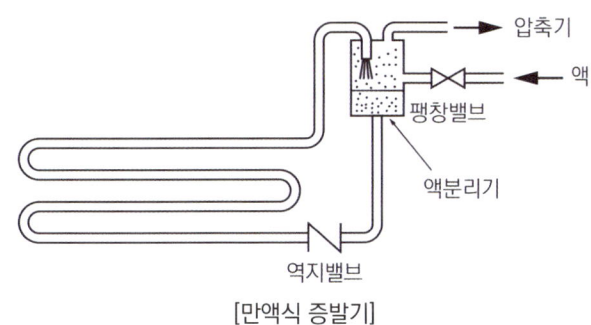

[만액식 증발기]

3) 액순환식 증발기
   ① 건식 증발기와 비교하면 전열이 20 [%] 이상 양호
   ② 냉각관 출구에서는 대체로 중량 80 [%]의 액이 있음
   ③ 타 증발기에서 증발하는 액화 냉매량의 4 ~ 6배의 액을 펌프를 통해 강제로 냉각관을 흐르게 하는 방법
   ④ 저압수액기의 액면과 펌프와의 사이에 1 ~ 2 [m]의 낙차를 둠
   ⑤ 한 개의 팽창밸브로 여러 대의 증발기를 사용할 수 있음
   ⑥ 구조가 복잡하고 시설비가 많이 드는 결점이 있음

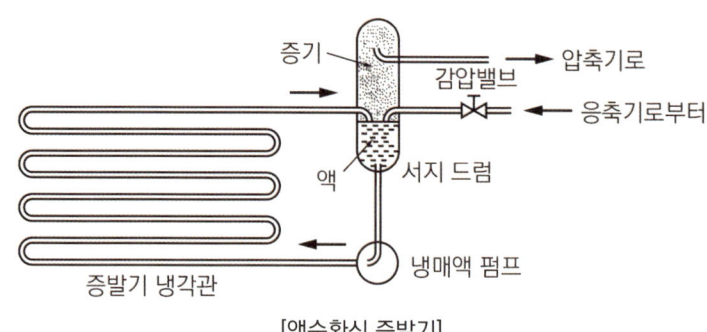

[액순환식 증발기]

(2) 액체냉각용 증발기
   1) 셸 앤드 코일식 증발기
      음료용 수냉각장치, 공기조화장치, 제빵·제과 공장에 주로 사용되며 온도식 자동팽창밸브를 사용하는 건식 증발기로 간헐적으로 큰 냉각부하가 걸리는 장치에 적합. 물의 용량을 크게 하면 부하가 증가할 경우 물이 가지고 있는 열용량에 의해 물의 온도변화가 급격히 일어나는 것을 방지할 수 있음
   2) 프레온 만액식 셸 앤드 튜브식 증발기
      공기조화장치, 화학, 식품 공업 등에 사용되는 물이나 브라인을 냉각시키는 증발기로 대용량으로 제작됨. 주의사항으로 증발온도가 너무 낮으면 관 내에 흐르는 유체가 동결하여 관을 파괴시키는 경우가 있으므로 이것을 방지하기 위해 증발압력 조정밸브와 온도조절기 등을 설치하여 압력과 온도가 규정 이하가 되는 것을 방지

3) 건식 셸 앤드 튜브식 증발기

공기조화장치, 일반 화학공업에서 액체 냉각 목적으로 사용됨
① 냉매제어에 온도식 자동 팽창밸브를 사용할 수 있어서 구조가 간단
② 만액식에 비해 냉매량이 적고 수액기 겸용 응축기를 설치할 수 있음
③ 유가 증발기에 고이는 일이 없으므로 유회수장치가 불필요

7 부속기기

(1) 수액기

수액기는 응축기에서 응축액화한 고압냉매를 임시저장하는 고압가스 용기로 불응축가스를 제거하여 액냉매만 팽창밸브로 보내는 역할을 한다.
부수적으로 냉동기 수리 시 냉매를 저장하는 역할을 한다.

1) 수액기 설치 시 주의사항
① 수액기는 직사광선이 닿지 않고 화기가 충분한 거리가 있는 곳
② 안전밸브의 원 변은 항상 열어둘 것
③ 수액기의 냉매량은 3/4 이상 만액시키지 말 것
④ 인접한 용접부의 상호거리를 판 두께 10배 이상 떨어져 있을 것
⑤ 수액기의 위치는 응축기보다 낮은 곳에 설치한다.

2) 저압 수액기

액순환식 증발기 냉동장치에서 액펌프가 증발기로 이송하는 저온, 저압의 냉매액을 저장하는 용기로 액분리기 기능을 가진다.

(2) 액분리기

압축기의 액냉매가 흡입되면 액압축의 원인이 되고 액압축 시 체적효율 저하와 냉동기기의 효율을 저하 및 액해머 현상으로 장치손상을 일으킬 수 있으므로 증발기 출구 배관과 압축 시 사이에 액분리기를 설치하여 압축기로 액이 흡입되는 것을 방지하는 장치, 기동 시 증발기내 액교란을 방지하기도 한다.

1) 설치 위치와 용량

증발기와 압축기 사이 흡입 배관에 설치하고, 설치 용량은 증발기 내용적 25 [%] 이상 크게 한다.

2) 액분리기 설치 필요 장치

암모니아 냉매사용과 만액식 증발기를 가지는 냉동장치에 필수적이다.

3) 분리된 액냉매 처리
　① 증발기로 재순환
　② 가열 증발시켜 가스로 압축기로 공급(열교환)
　③ 고압 측 수액기로 재순환

4) 액압축(리퀴드 백) 현상
증발기에 유입된 액냉매 중 일부가 증발하지 못하고 액 그대로 압축기 쪽으로 유입되는 현상
　① 원인
　　㉠ 팽창밸브의 개도가 과도
　　㉡ 증발기 부하의 급격한 변동
　　㉢ 액분리기의 기능이 불량
　　㉣ 증발기의 적상 및 유막 등 현상에 의한 전열불량
　　㉤ 증발기 용량이 작은 경우
　　㉥ 감온식 경우 감온통 부착위치가 부적합 한 경우
　② 액압축의 영향
　　㉠ 압축기 이상음이 발생
　　㉡ 소요 동력 증대, 냉동 능력 감소
　　㉢ 토출가스 온도 이상

(3) 유분리기
압축기의 윤활유가 응축기에 유입되면 전열효율이 떨어지고, 이 오일이 팽창밸브에서 동결할 우려도 있다(암모니아냉매). 또한 증발기에 유입되어 유막을 형성하여 냉매의 순환 및 전열을 나쁘게 한다. 그러므로 압축기 직후 냉매 중 오일입자를 분리하기 위한 장비

1) 설치 위치
　유분리기는 압축기와 응축기 사이에 위치
　암모니아 냉매의 경우 응축기에서 가까이 프레온 냉매의 경우 압축기 가까이 설치한다.

(4) 여과기
불순물을 제거하기 위한 것
1) 팽창밸브와 전자밸브 및 압축기 흡입 측에 설치
2) 윤활유용 여과기는 오일 속에 포함된 이물질을 제거하는 것으로 80 ~ 100 [mesh] 정도

(5) 제상장치

직접 증발기 또는 브라인 2차 측 저온에 따라 주변 습기가 부착되어 빙결된다. 이는 전열 불량이 되어 냉동능력을 떨어트리는 원인이 된다. 이에 따라 이를 제거하는 장치가 제상장치다.
1) 고압가스 제상장치 : 압축기에서 토출되는 과열증기를 증발기로 공급하여 증발기의 현열 또는 잠열로 제상
   ① 고압가스 인출 위치 : 토출배관에서 유분리기와 응축기 사이 배관 상부로 인출
     (대형장치에서는 주로 균압관에서 인출함)
2) 전열식 제상장치 : 증발기에 전기 열선을 설치하여 제상하는 방법. 전열량에 제한이 있어 제상시간이 고압가스 제상보다 비교적 길다.
3) 살수 제상 : 증발기의 표면에 온수나 브라인을 위로부터 뿌려 물이나 브라인의 감열을 이용해 제상하는 방법.
4) 냉동기의 정지에 의한 제상 : 냉장고 내의 온도가 10 [℃] 이상인 경우에는 냉동기를 정지에 따라 자연 제상

8 제어

(1) 냉매 공급에 따른 제어의 종류
   1) 냉매 유량제어
      ① 증발압력 조정밸브 : 증발압력이 일정 압력 이하가 되는 것을 방지하고 압축기 흡입관 증발기 출구 측에 설치하며, 밸브 입구 압력에 의해 작동되고 압력이 높으면 열리고 낮으면 닫힘(냉각기 동파 방지)
      ② 흡입압력 조정밸브 : 흡입압력이 일정 압력 이상이 되는 것을 방지하고 압축기 흡입관 압축기 입구 측에 설치하며, 밸브 출구 압력에 의해 작동되고 압력이 높으면 닫히고 낮으면 열림(전동기 과부하 방지)
   2) 압력 제어
      ① 저압 스위치(압축기 직접 보호)
         ㉠ 냉동기 저압 측 압력이 저하했을 때 압축기 정지
      ② 고압 스위치(고압 차단장치)
         ㉠ 냉동기 고압 측 압력이 이상적으로 높으면 압축기를 정지시킴
      ③ 듀얼(고저압) 스위치
         ㉠ 고압 스위치와 저압 스위치를 한 곳에 모아 조립한 것

④ 유압 보호 스위치
　㉠ 윤활유 압력이 일정 압력 이하가 되었을 경우 압축기를 정지
　㉡ 재기동 시 리셋 버튼을 눌러 일정시간 지난 다음(타이머) 동작

3) 안전장치
　① 안전밸브
　　㉠ 기밀시험압력 이하 이상 압력에서 작동
　② 파열판
　　㉠ 주로 터보 냉동기에 사용함으로써 화재 시 장치의 파괴를 방지
　　㉡ 얇은 금속으로 용기의 구멍을 막는 구조로 이상 압력 시 파열됨
　③ 가용전
　　㉠ Pb합금으로 일정온도(75 [℃]) 이상 시 녹아서 개방되는 응축기, 수액기의 안전장치

4) 각종 제어장치
　① 전자밸브
　　㉠ 냉매 배관 중에 냉매 흐름을 자동적(전자력)으로 개폐하는 데 사용
　② 온도 조절기 : 냉장실, 브라인, 냉수 등의 온도를 일정하게 유지하기 위해 사용
　　㉠ 증기압력식 온도 조절기
　　㉡ 전기저항식 온도 조절기
　　㉢ 바이메탈식 온도 조절기
　③ 습도 제어 : 모발, 나일론, 리본 등의 습도에 따른 신축을 이용한 것으로서 상대습도에 의해 신축하는 것을 이용
　④ 절수밸브 : 압력 작동식 급수밸브와 온도 작동식 급수밸브가 있음
　　㉠ 응축기 냉각수 입구에 설치하여 압축기에서 토출압력에 의해 응축기에 공급하는 냉각수량을 조절하는 압력작동식 급수밸브가 대표적
　　㉡ 냉각수 온도에 따라 급수량을 조절하는 온도 작동식이 있음

(2) 냉각탑

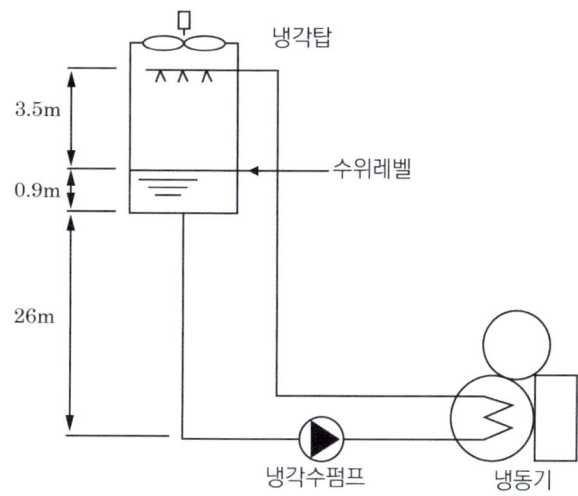

수냉식 응축기에서 온도가 높아진 냉각수를 공기와 접촉시켜 물의 증발잠열을 이용해 냉각작용을 하고 나온 출구수온을 공기로 다시 냉각하여 응축기로 보내 열교환하는 장치
1 [kg]의 물이 증발하면 자체 순환수 열량을 약 2513 [kJ] 정도 흡수. 즉, 물 순환량의 2 [%]를 증발시키면 자체 온도를 1 [℃] 내릴 수 있음

1) 쿨링 어프로치와 쿨링 레인지
  ① 쿨링 어프로치 : 냉각수 출구온도 - 대기 습구온도
  ② 쿨링 레인지 : 냉각수 입구온도 - 출구온도

02 시퀀스 제어

1 시퀀스 제어

(1) 정의
  미리 정해진 순서에 따라 제어의 각 단계를 순차적으로 진행시키는 것

(2) 시퀀스 제어방식 분류
  1) 유접점 시퀀스 : 릴레이 및 타이머의 접점을 이용한 제어

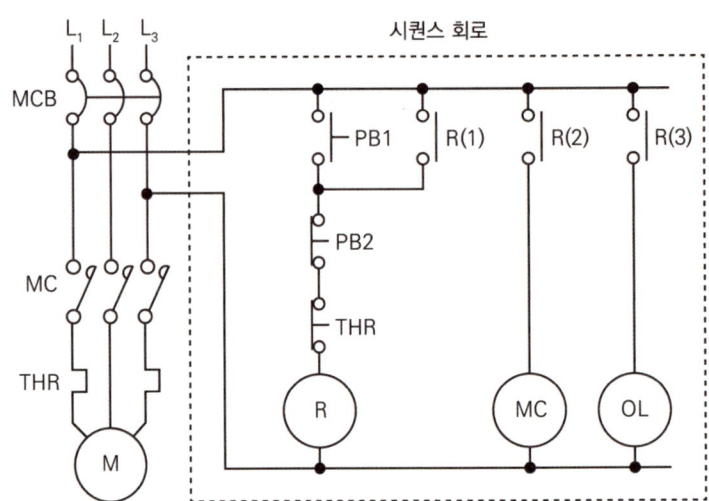

2) 무접점 시퀀스(PLC) : 반도체 소자를 이용한 제어

2 시퀀스 기초

(1) 접점

전류를 공급 및 차단(통전 및 단전)시키는 역할

1) 단자 2개가 모여서 이루어짐

2) 조작력 : 접점을 동작(ON, OFF) 시키는 힘

3) 가동 접점 : 조작력에 의해 고정 접점과 접촉

4) 고정 접점 : 단자를 이용하여 전선을 접속

(2) a 접점

1) 항상 열려 있는 접점(Normally Open Contact, NO)

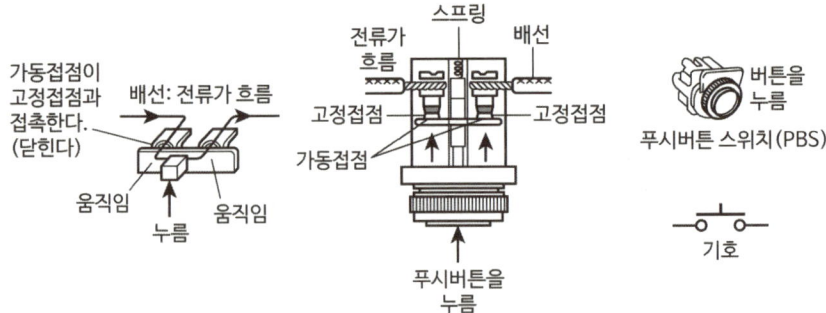

2) a 접점 표시법

세로 표시							
가로 표시							

(3) b 접점

1) 초기 상태에 닫혀있는 접점(Normally Close Contact, NC)

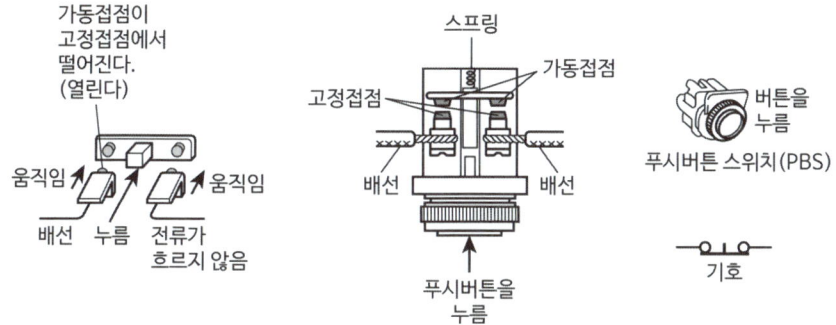

2) b 접점 표시법

세로 표시							
가로 표시							

(4) 접점의 분류

1) 자동복귀 접점(누르고 있을 때만 동작)

① 동작 : 사람의 힘, 전자력

② 복귀 : 스프링에 의한 복귀

2) 수동복귀 접점(단극 스위치, 열동계전기 접점)

① 동작 : 사람의 힘, 전자력

② 복귀 : 사람의 힘

3) 자동 조작 접점 : 전기 신호에 의해 자유로이 개폐(릴레이, 전자접촉기)
4) 기계적 접점 : 기계적 운동부분과 접촉하여 조작(리미트 스위치, 마이크로 스위치)
5) 한시 접점 : 타이머 등 한시 계전기의 개로 또는 폐로하는 데 시간이 걸리는 접점
   ① 접점의 기호 및 표시

항목	a 접점		b 접점	
	가로 표시	세로 표시	가로 표시	세로 표시
수동 복귀 (보통 접점)				
자동 복귀 (누름 버튼 스위치)				
수동 복귀 (열동계전기)				
자동 복귀 (계전기나 전자접촉기 보조접점)				
한시 동작 (타이머)				
한시 복귀				
기계적 접점				

항목	a 접점		b 접점	
	가로 표시	세로 표시	가로 표시	세로 표시
전자접촉기 (주접점)				

(5) 전선

전기 에너지를 전달(전류와 전압 이송)

(6) 단자

전기 기계 기구와 전선을 접속하는 곳

(7) 시퀀스 제어 용어

1) 개로 : 전기회로의 일부를 스위치, 릴레이로 여는 것(Open)

2) 폐로 : 전기회로의 일부를 스위치, 릴레이로 닫는 것(Close)

3) 동작 : 어떤 원인을 주어 소정의 동작을 하도록 하는 것

4) 여자 : 전자 릴레이, 접자 접촉기 등의 코일에 전류가 흘러 전자석으로 되는 것

5) 소자 : 전자코일에 흐르는 전류를 차단하여 자력을 잃게 하는 것

6) 복귀 : 동작 이전의 상태로 되돌리는 것

7) 기동 : 기기 또는 장치가 정지 상태에서 운전 상태로 되기까지의 과정

8) 운전 : 기기 또는 장치가 소정 동작을 하고 있는 상태

9) 제동 : 기기 운전 상태를 억지하는 것

10) 정지 : 기기 또는 장치를 운전 상태에서 정지 상태로 하는 것

11) 연동 : 복수의 동작을 관련시키는 것

12) 인칭 : 기계의 순간 동작 운동을 얻기 위해 미소시간의 조작을 1회 반복하여 행하는 것

3 시퀀스 제어기기

(1) 구동용 기기

1) 전자접촉기(Electro Magnetic Contact : MC)
   ① 구성 : 주 접점부, 보조 접점부, 조작 전자석부(전자코일부)
      • 전자접촉기는 전력계통의 부품으로 개발된 것을 시퀀스전기회로에 응용
      • 주 접점부 : 많은 전력을 소비하는 전동기의 회로에 사용
      • 전자코일부 : 전원이 인가되는 부분으로 전자석의 여자 및 소자에 의해 동작
   ② 코일에 전류가 인가되면 전자력에 의해 접점이 개폐됨
   ③ 대 전류제어(250 [V], 10 [A] 이상 부하에 사용), 개폐 빈도가 많을 때, 긴 수명이 요구될 때 사용(릴레이와 같은 원리이나 내구성이 좋고 불꽃방전이 없다)

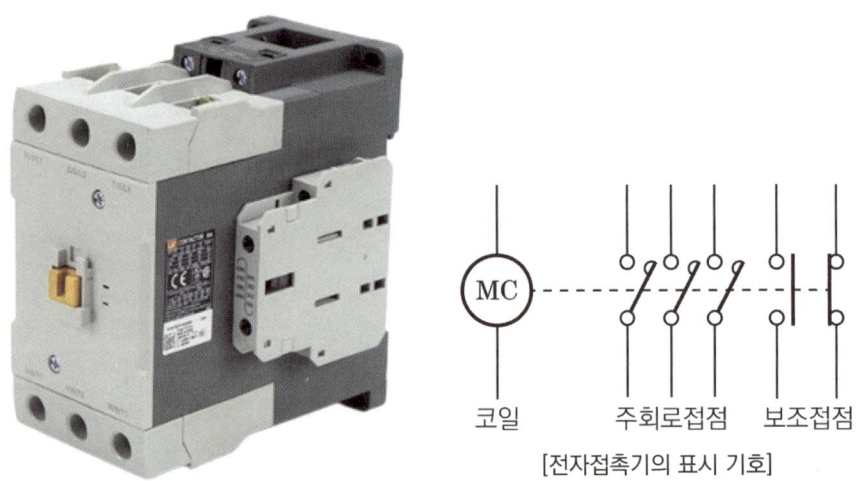

[전자접촉기의 표시 기호]

2) 전자개폐기(Thermal Overload Relay)
   전자접촉기에 서머릴레이의 열동형 과부하 차단 장치를 부착한 것

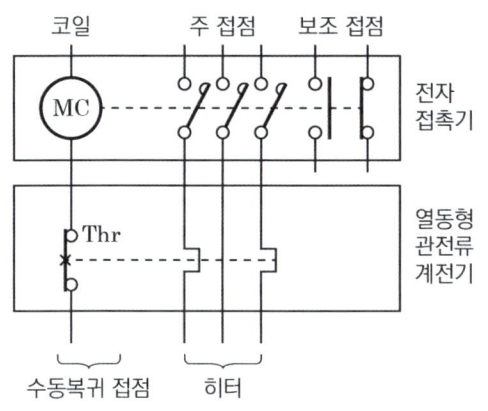

(2) 신호처리 기기

1) 릴레이(Relay), 전자 계전기

전자 코일에 전원을 주어 형성된 자력을 이용해 접점을 개폐시키는 기능으로 8핀(2a, 2b), 11핀(3a, 3b), 14핀(4a, 4b)이 있으며, 기호는 R, Ry, X로 표시

① 접점 번호

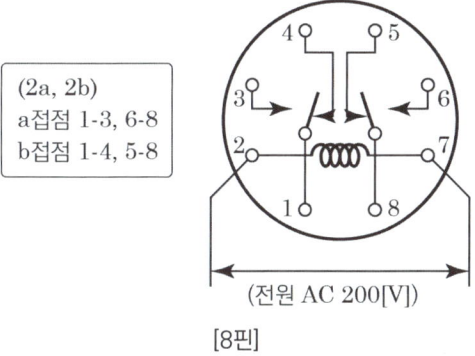

[8핀]

➕

[전자접촉기(MC)와 릴레이(Ry)의 차이]

㉠ 기본적인 원리인 전자석의 여자 및 소자로 접점의 개폐 원리는 같다.

㉡ MC는 대용량 전력부하에 쓰이고 릴레이는 스위칭 전류가 적다.

㉢ MC는 전력계통의 부품으로 개발된 것을 스퀸스 회로로 편입된 것으로 아크(불꽃)억제기능이 있고 수명이 길며 신뢰성이 있는 특징이 있다.

㉣ 전자 접촉기는 보통 열동계전기와 회로를 이룬다.

② 접점 표시

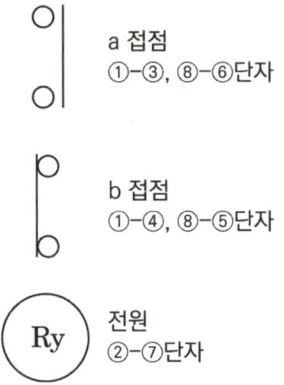

2) 타이머(Timer)

입력신호가 주어지고 일정시간 경과 후 접점을 개폐시키는 것

① 한시 동작 순시 복귀 : 설정 시간 경과 후 접점이 동작하며, 신호 차단 시 순간적으로 복귀되는 동작

② 한시 동작 한시 복귀 : 설정 시간 경과 후 접점이 동작하며, 설정 시간 경과 후 접점이 복귀되는 동작

③ 순시 동작 한시 복귀 : 순간적으로 접점이 동작하며, 입력신호가 소자하면 접점이 설정 시간 후 복귀되는 동작

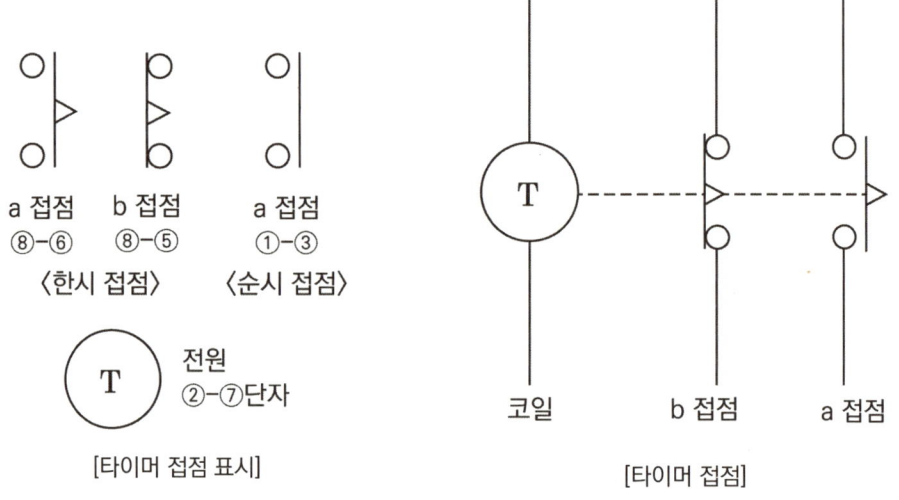

(3) 조작용 기기

1) 누름 버튼 스위치(Push Button Swich : PBS)
   ① 동작 : 사람의 힘
   ② 복귀 : 스프링의 힘 ⇒ 수동조작 자동복귀형
   ③ 녹색(기동), 적색(정지, 비상 전원 차단 스위치)

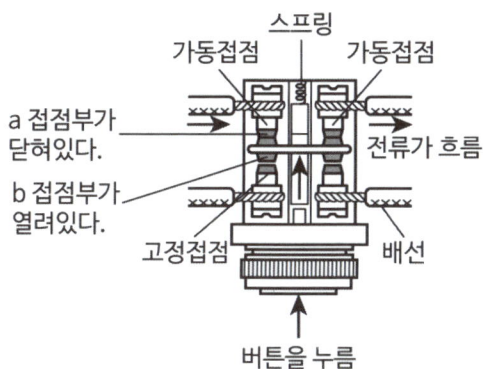

2) 조광형 푸시 버튼 스위치
   스위치 기능과 램프의 역할을 가지고 있는 스위치

3) 셀렉터 스위치(Selector Switch), 선택 스위치
　　동작 및 복귀 시 조작력이 필요 ⇒ 종류 : 2단, 3단, 4단

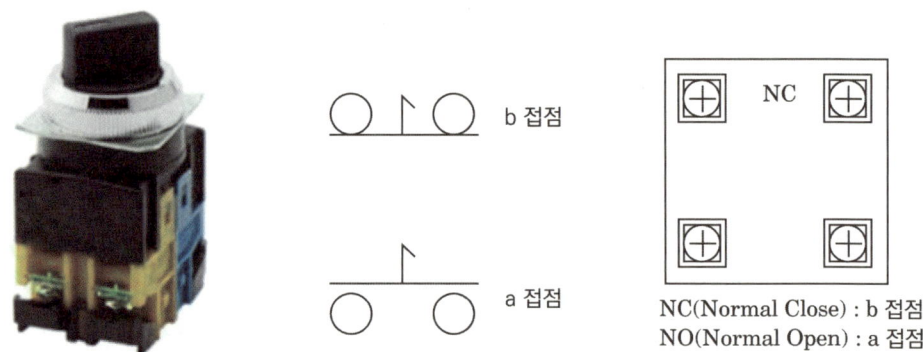

4) 리미트 스위치, 마이크로 스위치
　　마이크로 스위치를 물, 기름, 먼지, 외력 등으로부터 보호하기 위하여 금속 케이스에 넣은 것으로 접촉자에 움직이는 물체가 닿으면 접점이 개폐됨

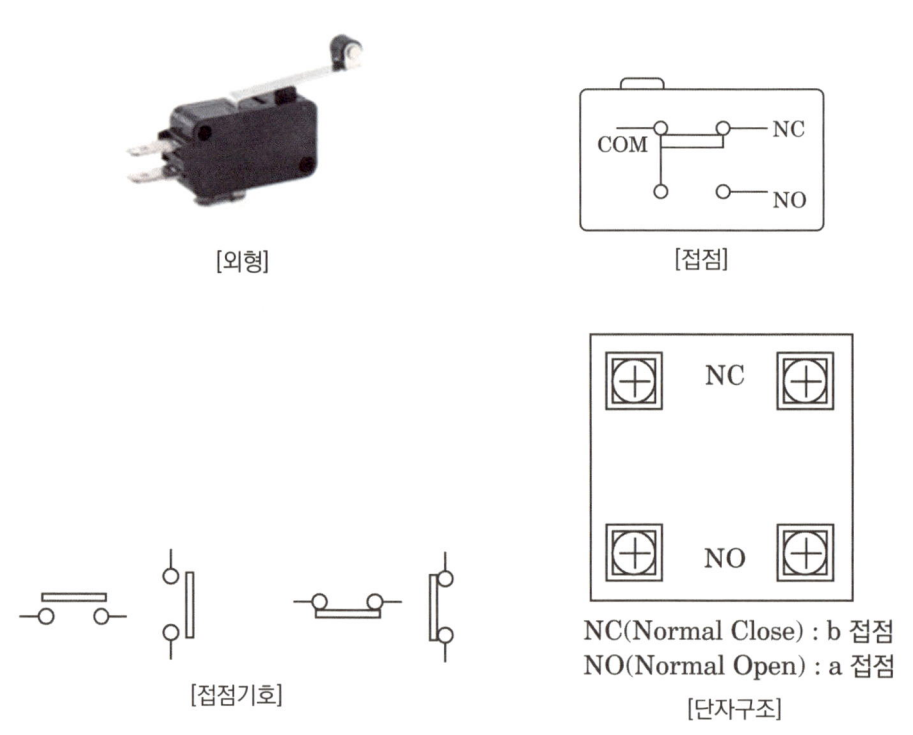

5) 퓨즈
전기 회로에 장착되어 회로상에 규정된 전류보다 큰 전류 발생 시 전류를 차단하여 회로를 보호하는 장치

6) 부저(Buzzer : Bz)
시퀀스 제어회로의 고장이나 중요한 상황 시 소리로 이상 유무를 알리는 것이며 비상등과 교대 점멸로 사용되며 노출형과 매입형이 있음

7) 파일롯 램프(표시등 : PL)
전원의 유무, 시퀀스 제어 회로의 동작 상황을 나타내기 위한 것으로 누름 버튼 스위치에 부착된 것도 있고 배전반이나 스위치박스에 부착하여 사용
① 녹색등(GL) : 정상, 정상상태
② 적색등(GL) : 비상, 위험한상태
③ 황색등(YL) : 비정상 상태

예제 01

다음 시퀀스 회로도를 참조하여 OL등이 상시 점등하고 PB1 작동 시 OL등이 소등되는 회로를 구성하려면 어느 접점을 어떤 접점으로 바꾸어야 하는가?

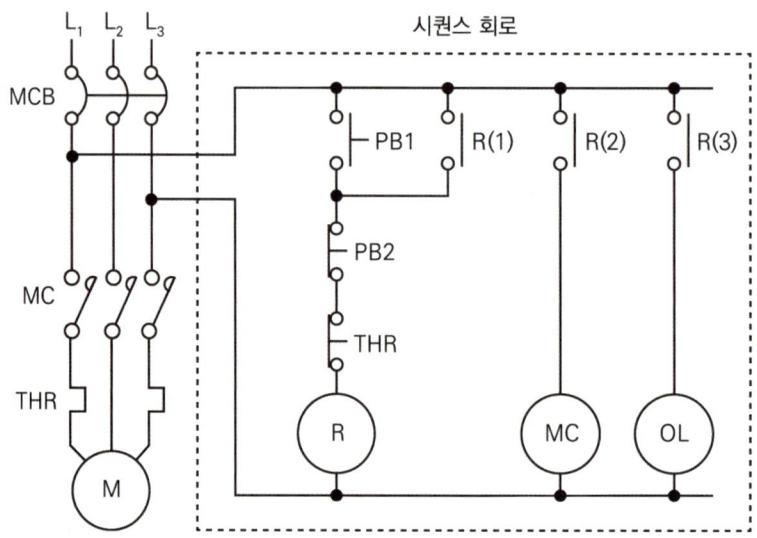

[정답]

R(3) 접점을 b 접점으로 바꾼다.

예제 02

다음 화면을 참고하여 적합한 시퀀스 회로도를 (가), (나) 중 고르시오.

[설명]
S1을 버튼을 눌렀더니 녹색 램프 점등

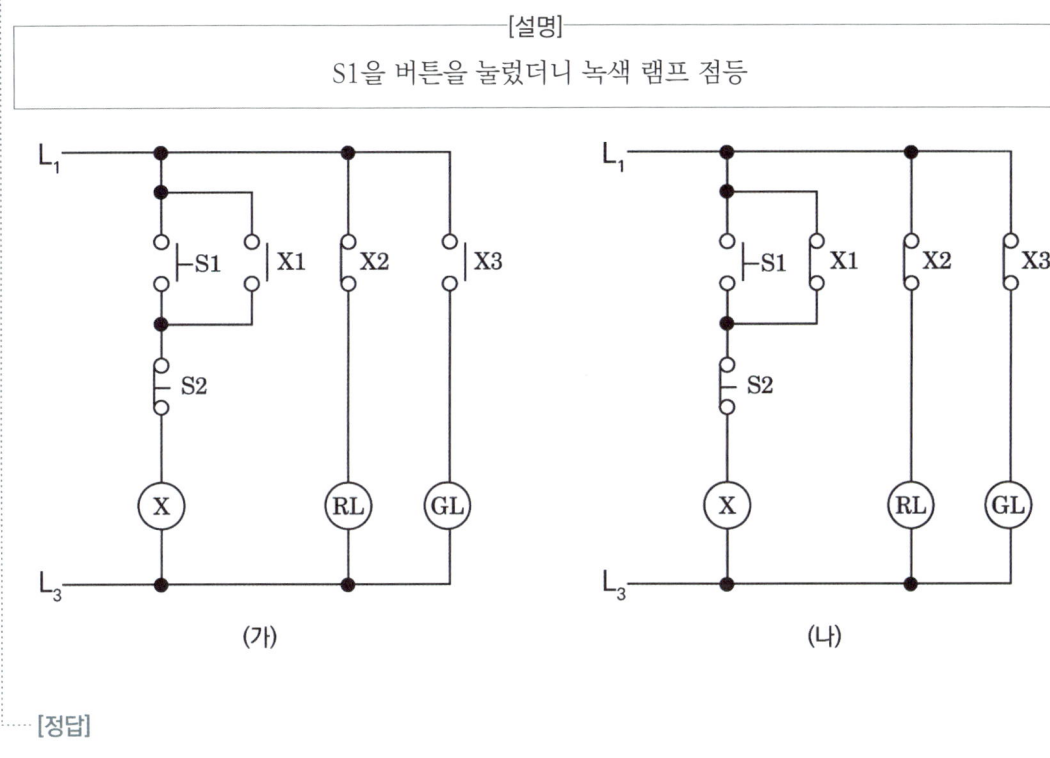

[정답]

(가)

예제 03

다음 화면을 참고하여 적합한 시퀀스 회로도를 (가), (나) 중 고르시오.

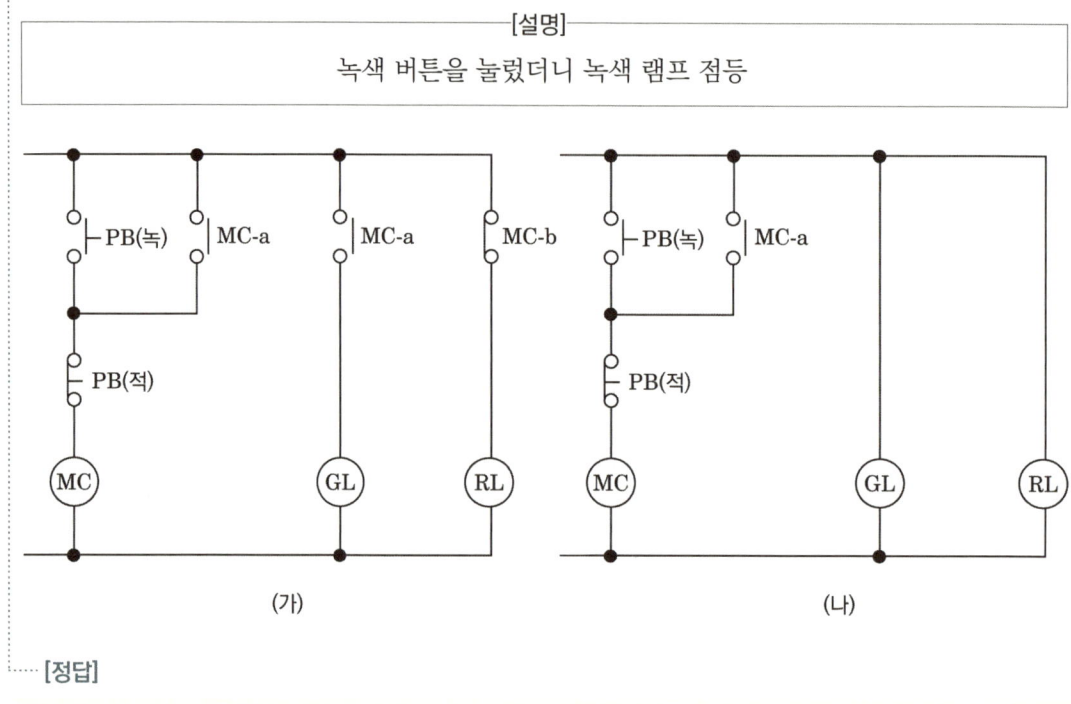

[정답]

(가)

예제 04

다음 화면을 참고하여 적합한 시퀀스 회로도를 (가), (나) 중 고르시오.

[설명]
① 차단기를 올리면 RL 점등
② PBS녹 누르면 부저가 울리며, GL 점등, RL 소등
③ PBS적 누르면 원상복귀

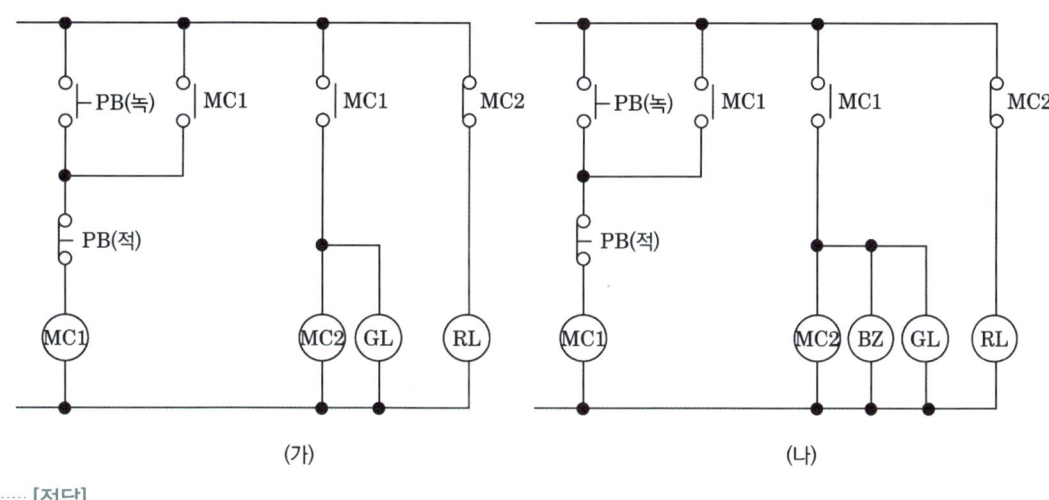

[정답]

(나)

예제 05

다음 화면은 PBS_1을 누르면 접점 X_1, X_2가 ON 되어 계전기 ⓧ가 PBS_2를 누를 때까지 계속 작동하는 시퀀스이다. 이 회로의 명칭을 쓰시오.

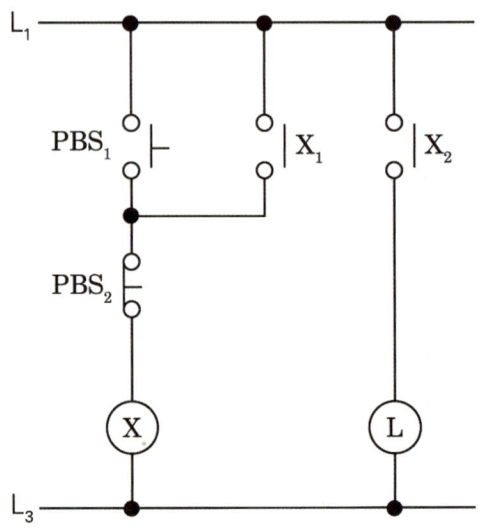

[정답]

자기유지회로

[보충]

1. PBS_1을 누르면 접점 X_1, X_2가 ON되어 계전기 ⓧ가 PBS_2를 누를 때까지 계속 작동한다. 이때 X_2가 ON되어 L(램프)가 ON이 된다.
2. PBS_2를 OFF하면 계전기 ⓧ가 OFF되고, 이때 X_2가 OFF되어 L(램프)가 OFF된다.

Part 02

공·조·냉·동·기·계·산·업·기·사

모아풀기 계산문제

예상문제

01 인접실, 복도, 상층, 하층이 공조되지 않는 일반 사무실의 손실 열량 [kJ/h]구하시오. (단, 설계조건은 실내온도 20 [℃], 실외온도 0 [℃], 내벽 열통과율은 6.7 [kJ/(h·m²·K)], 외벽 열통과율(k)은 3.35 [kJ/(h·m²·K)], 창문의 크기는 모두 같고, 창문과 문은 손실열량에서 제외한다)

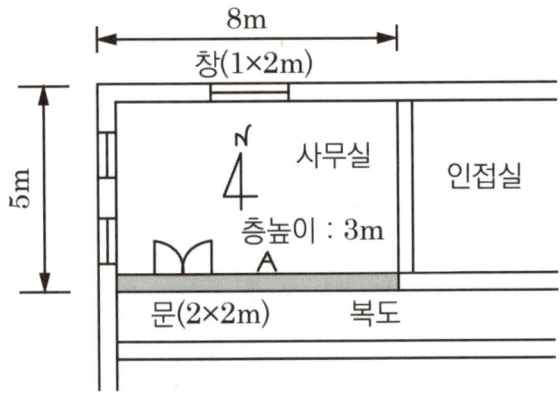

정답

4556 [kJ/h]

[해설]

• 외벽 손실열량

q_1 = 열통과율 × (외벽면적 - 창문면적) ×(실내온도 - 실외온도)
     = 3.35 ×{(5 + 8)×3 - 2×3} × (20 - 0) = 2211 [kJ/h]

• 내벽 손실열량

q_2 = 열통과율 × (내벽면적 - 문면적)× $\dfrac{실내 외 온도차}{2}$

     = 6.7 ×{(5+8)3 - 4}× 10 = 2345 [kJ/h]

그러므로 총 손실 열량은 2211 + 2345 = 4556 [kJ/h]

02 콘크리트로 된 외벽의 실내 측에 내장재를 부착했을 때 내장재의 실내 측 표면에 결로가 일어나지 않도록 하기 위한 내장 최소 두께 L_2 [mm]구하시오. (단, 외기온도 -5 [℃], 실내온도 20 [℃], 실내공기의 노점온도 12 [℃], 콘크리트의 벽두께 100 [mm], 콘크리트의 열전도율은 0.0016 [kW/m·K], 내장재의 열전도율은 0.00017 [kW/m·K], 실외 측 열전달율은 0.023 [kW/m²·K], 실내 측 열전달율은 0.009 [kW/m²·K]이다)

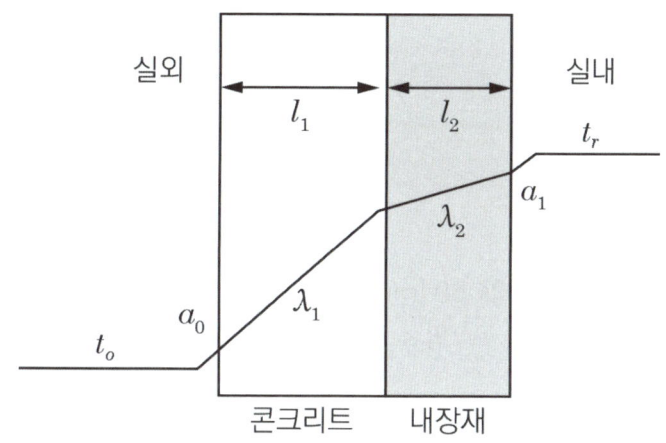

정답

2.88 [mm]

[해설]

- $KF(t_r - t_o) = \alpha_i F(t_r - t_w)$

$$\therefore K = \frac{\alpha_i(t_r - t_w)}{t_r - t_o} = \frac{0.009 \times (20 - 12)}{20 - (-5)} = 0.00288 \text{ [m]} = 2.88 \text{ [mm]}$$

03 온도 30 [℃], 절대습도 0.0271 [kg/kg′]인 습공기의 비엔탈피를 구하시오.

> **정답**
>
> 99.33 [kJ/kg]
>
> **[해설]** 습공기 엔탈피
> $h = C_p t + (\gamma_0 + C_p wt)x$
> $ = 1.01 \times 30 + (2501 + 1.85 \times 30) \times 0.0271$
> $ = 99.33 \,[\text{kJ/kg}]$

04 풍량 450 [m³/min], 정압 50 [mmAq], 회전수 600 [rpm]인 송풍기의 회전수를 700 [rpm]으로 변화시키면 몇 kW의 소요동력이 필요한가?

> **정답**
>
> 11.75 [kW]
>
> **[해설]**
>
> 회전수 600 [rpm]의 $kW = \dfrac{PQ}{102 \times 60 \times \eta} = \dfrac{50 \times 450}{102 \times 60 \times 0.5} = 7.4 \,[\text{kW}]$
>
> $\dfrac{kW_2}{kW_1} = \left(\dfrac{N_1}{N}\right)^3$
>
> $kW_2 = \left(\dfrac{700}{600}\right)^3 \times 7.4 = 11.75 \,[\text{kW}]$

05 하루에 10 [ton]의 얼음을 만드는 제빙장치의 냉동부하 [kW]는 얼마인가? (단, 물의 온도는 20 [℃], 생산되는 얼음의 온도는 -5 [℃]이며, 이때 제빙장치의 효율은 0.8이다)

정답

62.14 [kW]

[해설] 냉동부하

- 물의 현열 = $\dfrac{10 \times 10^3 \times 1 \times (20-0) \times 4.19}{24h \times 0.8} \times \dfrac{1h}{3600 \sec} = 12.12\,[kW]$

- 물의 응고 잠열 = $\dfrac{10 \times 10^3 \times 80 \times 4.19}{24h \times 0.8} \times \dfrac{1h}{3600 \sec} = 48.50\,[kW]$

- 얼음의 현열 = $\dfrac{10 \times 10^3 \times 0.5 \times 5 \times 4.19}{24h \times 0.8} \times \dfrac{1h}{3600 \sec} = 1.52\,[kW]$

그러므로 1.52 + 48.50 + 12.12 = 62.14

06 1925 [kg/h]의 석탄을 연소하여 10550 [kg/h]의 증기를 발생시키는 보일러의 효율 [%]는 얼마인가? (단, 석탄의 저위발열량은 25271 [kJ/kg], 발생증기의 엔탈피는 3717 [kJ/kg], 급수엔탈피는 221 [kJ/kg]으로 한다)

정답

75.8 [%]

[해설]

$\eta = \dfrac{G(h_2 - h_1)}{G_f H_l}$

$= \dfrac{10550 \times (3717 - 221)}{1925 \times 25271} \times 100\,[\%] = 75.8\,[\%]$

※ 저위발열량은 연료의 수분, 불순물 포함상태

07 공기의 온도가 20 [℃], 절대압력이 1 [MPa]인 상태의 밀도와 이때 20 [Kg]인 공기의 부피 [m³]를 구하시오. (단, 공기는 이상기체이며, 기체상수(R)는 0.287 [kJ/kg·K]이다)

정답

1.68 [m³]

[해설] 밀도

- 밀도 = $\dfrac{질량}{부피}$

- $PV = mRT$

  $\dfrac{m}{V} = \dfrac{P}{RT} = \dfrac{1 \times 10^3}{0.287 \times (20+273)} = 11.89 \ [\text{kg/m}^3]$

- 그러므로 공기 20 [kg] = $\dfrac{20 \, [kg]}{11.89 \, [kg/m^3]}$ = 1.68 [m³]

08 다음 습공기선도에서 t_1에서 t_2로 공기를 가열할 때 필요한 열량 [kW]를 계산하시오. (단, t_1 = 섭씨 19도, t_2 = 섭씨 28도, x_1 = 0.00012 [kg/kg′], x_2 = 0.00034 [kg/kg′] 공기량은 0.6 [kg/s], 공기의 비열은 1.01 [kJ/(kg · K)], 수증기 잠열은 2501 [kJ/kg], 수증기비열은 1.85 [kJ/(kg · K)]로 한다)

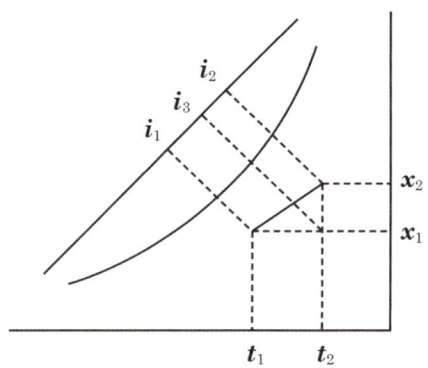

> [정답]

5.73 [kW]

> [해설]

- 건공기 현열

    $q_1 = GC_p \Delta t$

    = 0.6 [kg/s] × 1.01 [kJ/(kg · K)] × (28 - 19)

    = 5.4 [kJ/s] = 5.4 [kW]

- 수증기 전열

    $q_2 = (2501 + C_w \Delta t) \Delta x$

    = {2501 + 1.85 × (28 - 19)} × (0.00034 - 0.00012)

    = 0.5539 [kJ/kg′]

    ∴ 수증기 전열 = 0.5539 [kJ/kg′] × 0.6 [kg/s] = 0.3323 [kW]

- 건공기 현열 + 수증기 전열 = 5.73 [kW]

기출문제

01 다음 조건을 참조하여 물음에 답하시오. [2023년 2회]

[조건]
- 급탕량이 3000 [L/h], 급수온도 10 [℃], 급탕온도 60 [℃], 물의 비열 4.19 [kJ/(kg·K)]
- 난방용 상당증발량 1000 [kg/h](100 [℃] 물의증발잠열 h=2257 [kJ/kg])
- 배관손실 및 예열부하는 각각 0.2, 0.15 이다.
- 보일러의연료소비량은 130 [m³/h]이며, 연료의 저위발열량은 40000 [kJ/m³]이다.

① 급탕부하 [kJ/h]
② 상용출력 [kJ/h]
③ 정격출력 [kW]
④ 보일러 효율

정답

① 628500 [kJ/h]
② 3460800 [kJ/h]
③ 3979920 [kJ/h]
④ 76.54 [%]

[해설]

① q = $GC_p\Delta t$
    = 3000 [kg/h] × 4.19 [kJ/(kgK)] × (60 - 10) = 628500 [kJ/h]

② 상용출력 = 난방부하 + 급탕부하 + 배관부하
    = (1000×2257 + 627000) + (1000×2257 + 627000) × 0.2
    = (1000×2257 + 627000) × 1.2 = 3460800 [kJ/h]

③ 정격출력 = 상용출력 + 예열부하
    = 3460800 + 3460800 × 0.15
    = 3460800 × 1.15 = 3979920 [kJ/h]

④ 효율 [%]
$$= \frac{정격출력\,[kJ/h]}{연료소비량\,[m^3/h] \times 저위발열량\,[kJ/m^3]} = \frac{3979920}{130 \times 40000} \times 100\,[\%] = 76.54\,[\%]$$

02 다음 습공기선도에서 t_1에서 t_2로 공기를 가열할 때 필요한 열량 [kW]를 계산하시오. (단, t_1 = 섭씨19도, t_2 = 섭씨28도, 습공기량 0.6 [kg/s], 공기의 비열 1.01 [kJ/(kg·K)])

[2023년 2회]

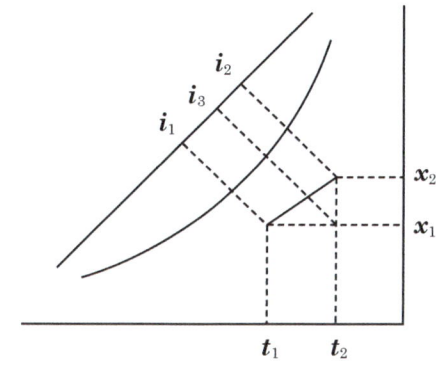

정답

5.4 [kW]

[해설]

q = $GC_p \Delta t$
　= 0.6 [kg/s] × 1.01 [kJ/(kg·K)] × (28 - 19)
　= 5.4 [kJ/s] = 5.4 [kW]

03 −10 [℃]의 얼음 1 [kg]을 100 [℃]의 수증기로 만들 때 필요한 열량을 계산하시오. (단, 얼음의 비열은 2.1 [kJ/kg·K], 융해잠열은 334 [kJ/kg], 물의 비열은 4.2 [kJ/kg·K], 증발잠열은 2257 [kJ/kg]이다) [2023년 3회]

> **정답**
>
> 3032 [kJ]
>
> [해설]
> - 얼음의 현열 : 2.1 [kJ/kgK] × 1 × 10 = 21 [kJ]
> - 융해잠열 : 334 [kJ/kg] × 1 = 334 [kJ]
> - 물의 현열 : 4.2 [kJ/kgK] × 1 × 100 = 420 [kJ]
> - 수증기 잠열 : 2257 [kJ/kg] × 1 = 2257 [kJ]
> - ∴ 필요열량 = 21 + 334 + 420 + 2257 = 3032 [kJ]

04 실내의 취득열량은 현열이 8.3 [kW], 잠열이 2.8 [kW]였다. 실내건구온도는 25 [℃], 상대습도 60 [%] 유지를 위해 취출온도차를 9 [℃]로 송풍하고자 할 때 현열비(SHF)를 구하시오.

[2023년 3회]

> **정답**
> 0.75
>
> [해설]
> - 현열비 = $\dfrac{\text{현열}}{\text{현열} + \text{잠열}} = \dfrac{8.3}{8.3 + 2.8} = 0.745$

공·조·냉·동·기·계·산·업·기·사

Part 03

과년도 문제

2023 과년도 1회

01 다음 영상을 보고 회로도 (가), (나), (다) 빈칸에 알맞은 기호를 쓰시오.

[설명]
① 차단기를 올리면 아무 동작이 없음
② PB(녹색)을 누르면 RL 점등, PB(녹색)을 떼어도 RL 유지
③ PB(적색)을 누르면 RL 소등, 원래상태로 복귀

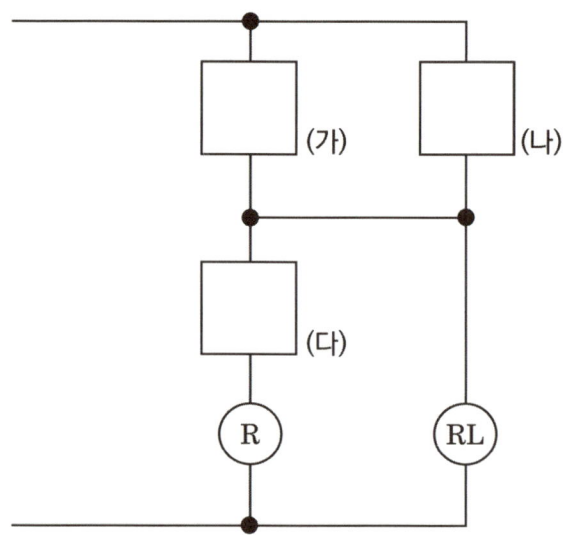

▶ 정답

(가) ○| (나) ○|R-a (다) ○⌐

02 다음 화면을 참고하여 알맞은 회로를 쓰시오.

[설명]
① PBS1(녹색)을 누르면 R, MC, RL, GL이 모두 전원 인가
② PBS2(적색)을 누르면 R, MC, GL 전원이 소자되며, RL만 전원 인가

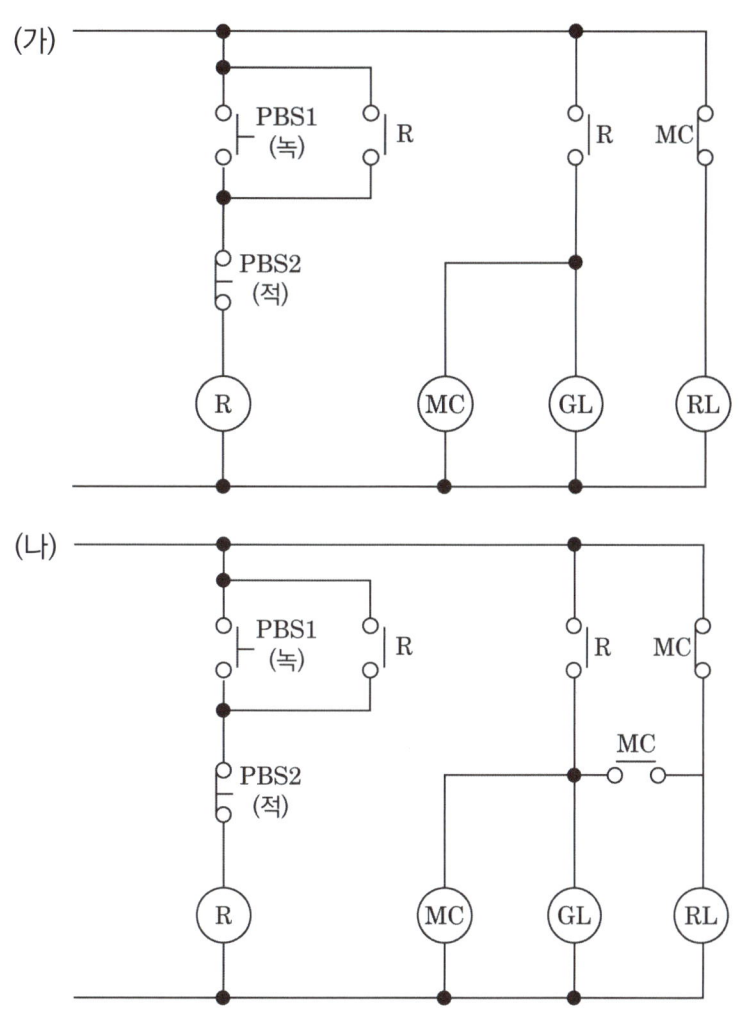

정답

(나)

03 다음 화면의 기기 명칭과 설치 위치, 기능을 각각 쓰시오.

정답

1. 명칭 : 수액기
2. 설치 위치 : 응축기와 팽창밸브 사이
3. 기능 : 응축기에서 액화된 고온·고압의 냉매액을 일시 저장하고 냉동장치를 휴지하거나 저압 측 수리 시 냉매를 회수하여 저장

[해설]
1) 수액기
 응축기 하부에 설치하여 응축기에서 액화된 고압냉매를 일시 저장하는 용기(버퍼의 역할)로 불응축가스는 회수하고 액냉매만 팽창밸브로 보내는 역할을 한다. 또한, 냉동장치를 수리할 때 장치 내의 냉매를 모아 저장할 수 있는 이상의 크기로 한다.
2) 액분리기
 증발기와 압축기 사이에 설치하여 압축기로 액이 흡입되는 것을 방지한다. 증발기에서 충분한 증발이 되지 않아 액화냉매가 압축기에 흡입 액압축(리퀴드 백)의 원인이 되어 체적효율 저하, 소요 동력 증대 및 냉동기기의 효율을 저하시키며 기기 파손의 원인이 된다. 이를 방지하기 위해 또한, 기동 시 증발기내 액교란을 방지하기도 한다. 증발기 내용적에 25 [%] 이상 크도록 설치한다.

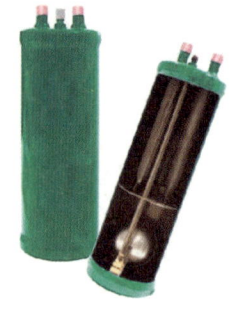

3) 유분리기

압축기와 응축기 사이에 설치하여 토출가스 중 오일입자를 분리하기 위한 장치 증발기에 미세한 윤활유의 입자가 유입될 경우 유막을 형성하고 전열을 나쁘게 한다.

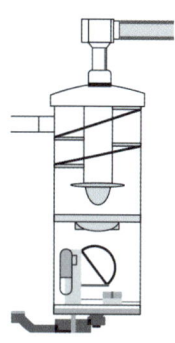

04 화면에서 보여주는 부품 명칭과 기능을 쓰시오.

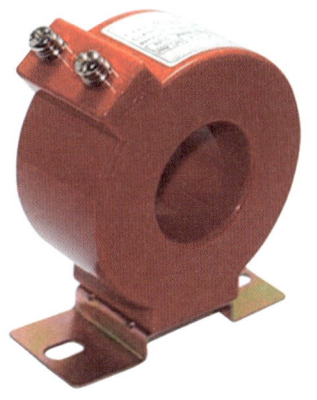

> 정답

1. 명칭 : 계기용 변류기
2. 사용 용도 : 1차 측 대전류를 2차 측 소전류로 변환하는 계기용 변류기

05 다음 영상을 보고 트랩의 종류를 쓰시오.

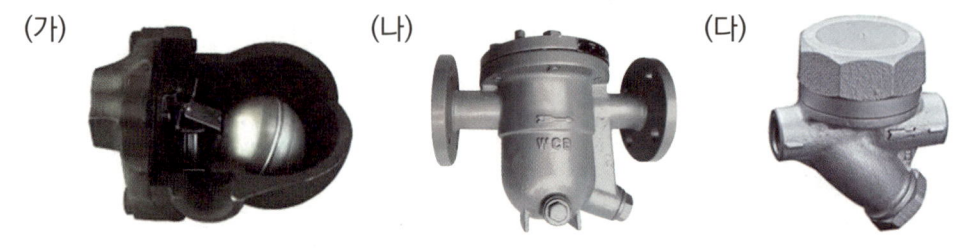

> 정답

(가) 플로우트 트랩   (나) 버킷트랩   (다) 디스크트랩

06 화면에 보이는 밸브 명칭과 설치 목적을 쓰시오.

> 정답

1. 명칭 : 스프링식 안전밸브
2. 설치 목적 : 규정 압력 이상, 이상 압력 발생 시 압력을 방출하는 안전밸브

07 다음 화면의 부속 명칭과 용도를 쓰시오. (단, 배수관과 연결된 부속이다)

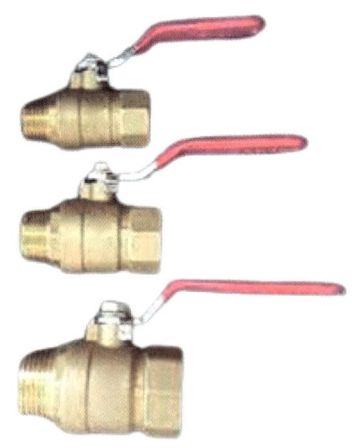

> **정답**
>
> 1. 명칭 : 드레인밸브
> 2. 용도 : 이물질 및 드레인 배출

08 다음 화면의 장치 명칭과 설치 목적을 쓰시오.

> **정답**
>
> 1. 명칭 : 플렉시블 이음
> 2. 설치 목적 : 펌프나 압축기 등의 진동과 충격을 완화시켜 장치 및 배관의 파손 방지

09 다음 화면의 장치 명칭과 이 장치에 부착된 감온통 기능을 쓰시오.

> **정답**
>
> 1. 장치명 : 온도식 자동 팽창밸브
> 2. 감온통 : 증발기 출구의 과열도(과냉도)를 감지하여 냉매 공급량 조절

10 다음 영상에서 나오는 압축기의 구조상 분류에 의한 명칭을 쓰시오.

> **정답**
>
> 왕복동식 압축기

11 다음 화면을 보고 배관이음의 정면도를 도시기호로 그리시오.

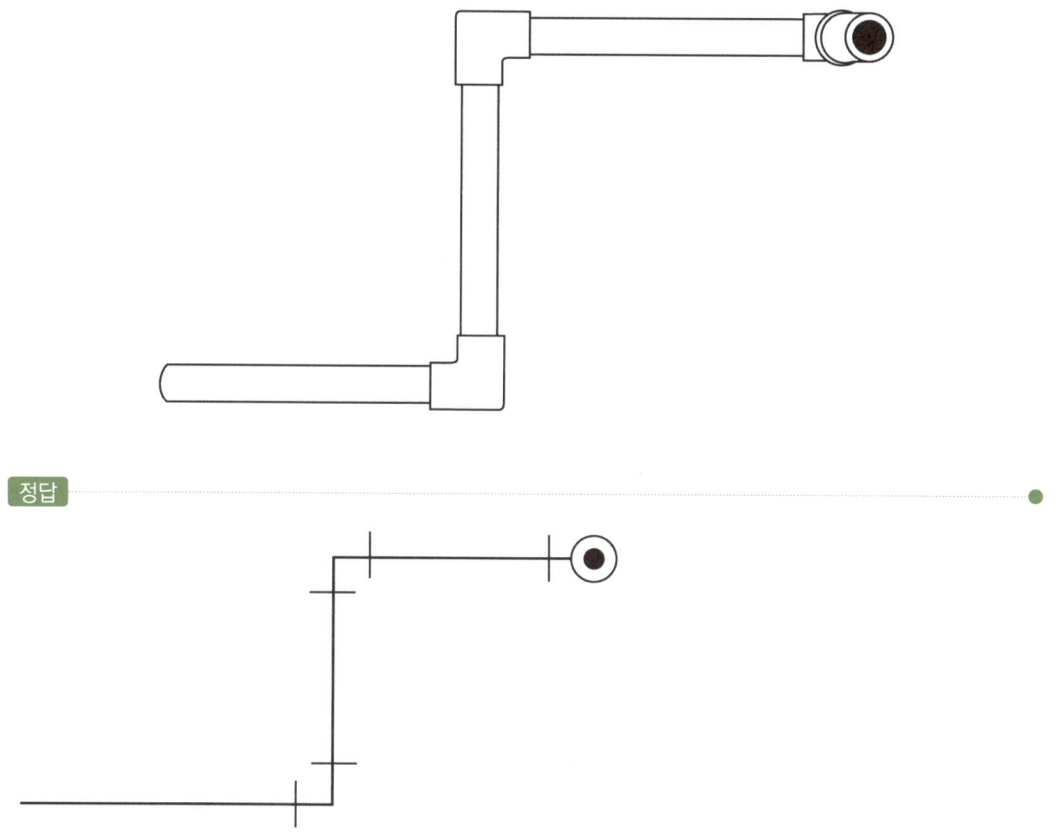

12 다음 화면의 배전반에 설치되어 있는 장치 명칭과 목적을 쓰시오.

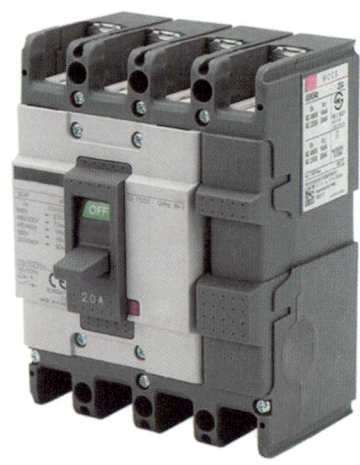

> 정답

명칭 : 배선용 차단기
목적 : 과전류를 차단하여 배선 및 기기 보호

2023 과년도 2회

01 다음 회로도를 보고 PB1과 PB2를 눌렀을 때 작동을 설명하시오. (MC1, MC2, MC3, L1, L2 작동 설명할 것)

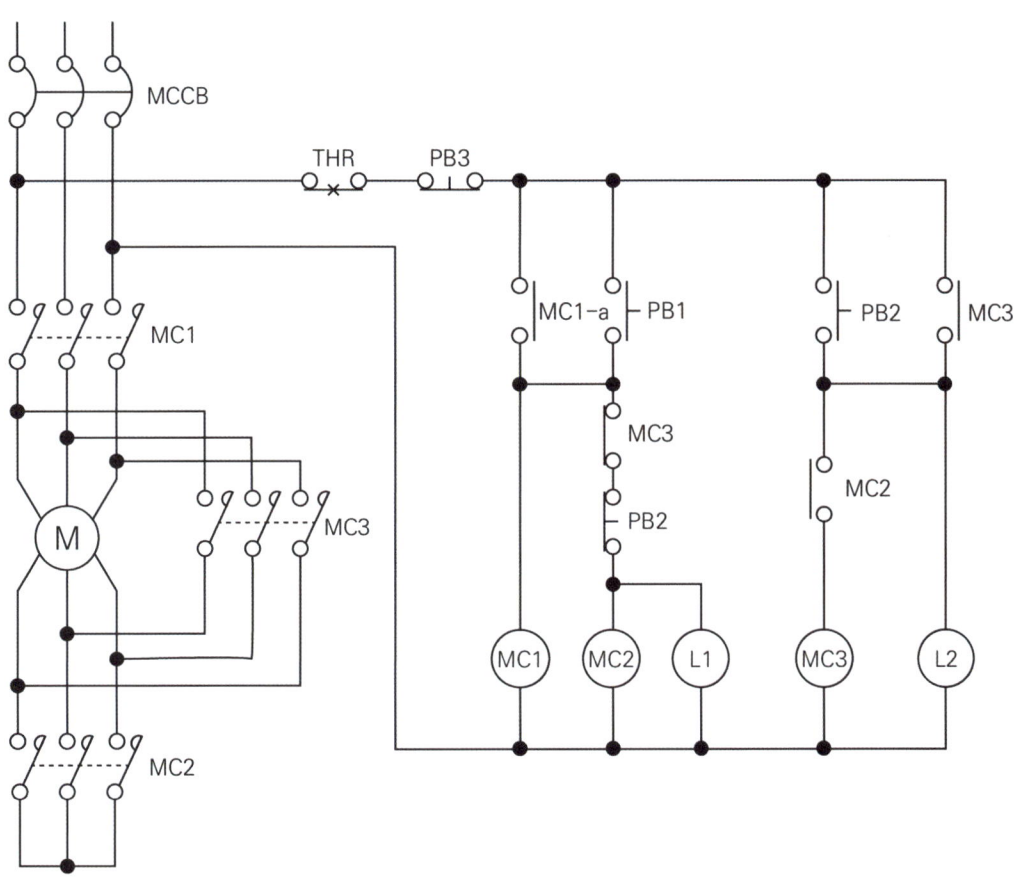

> **정답**
>
> ① PB1 눌렀을 때 : 전류가 통하여 MC1이 여자되고 상부 MC1 a 접점으로 자기유지되며 MC2도 여자되고 L1이 점등된다. 이에 따라 전원 측 MC1 접점과 전원 측 MC2 접점이 붙어 전동기가 Y기동으로 운전된다.
> ② PB2 눌렀을 때 : MC2가 소자되고 L1이 소등된다. 또한 MC3가 여자되고 상부 MC3 a접점으로 자기유지 되고 L2가 점등된다. 동시에 MC2 상부 MC3 b접점이 인터록으로 열려 MC2가 소자 상태를 유지한다. 이에 따라 전원 측 MC2 접점이 떨어져 모터의 Y기동이 멈추고 MC3 접점이 붙어 △기동으로 전환된다.

02 다음 습공기선도와 같이 공기를 가열할 때 필요한 가열량(kW)를 계산하시오. (단, 습공기량은 0.6 [kg/s], 공기의 비열은 1.01 [kJ/kg·°C])

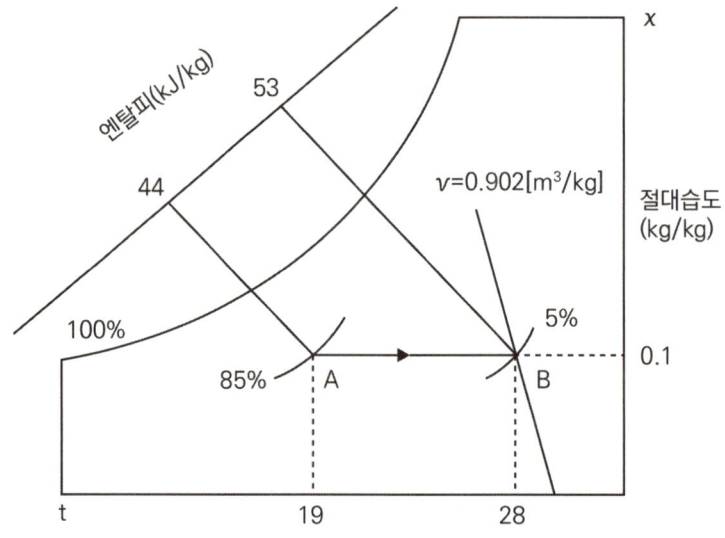

> 정답

5.4[kW]

[해설]
$q = GC_p \Delta t = 0.6[kg/s] \times 1.01[kJ/(kgK)] \times (28-19)$
$= 5.4[kJ/s] = 5.4[kW]$

03 다음 사진을 보고 해당 부속의 명칭과 역할을 쓰시오.

> 정답

① 명칭 : 유니온
② 역할 : 회전시킬 수 없는 고정된 두 관을 연결할 때 사용되는 이음쇠로 수시로 분해가 필요한 곳에 사용된다.

04 다음 그림을 보고 질문에 답하시오.

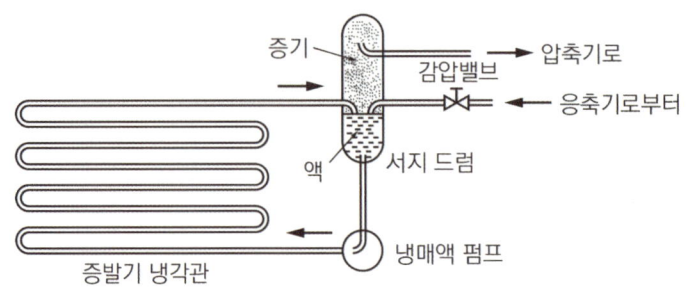

[질문]
① 증발기의 냉매공급방식을 참고하여 증발기의 명칭을 쓰시오.
② 다음 (　) 안에 알맞은 내용을 쓰시오.
　　수액기에서 냉매액은 증발기로, 냉매가스를 압축기로 보내어 (　　)을 방지한다.

정답

① 액순환식 증발기
② 액압축(리퀴드백)

05 다음 사진을 보고 도시기호를 그리시오. (나사산의 위치를 고려한다)

> 정답

① 명칭 : CM어댑터

② 도시기호 : ——•⊩——

06 다음 사진은 냉동장치의 냉난방 전환 시 사용되는 4방밸브(4Way Valve)이다. 압축기의 흡입배관과 토출배관을 연결할 때 다음 A, B, C, D 중 어느 부분에 연결되는지 쓰시오.

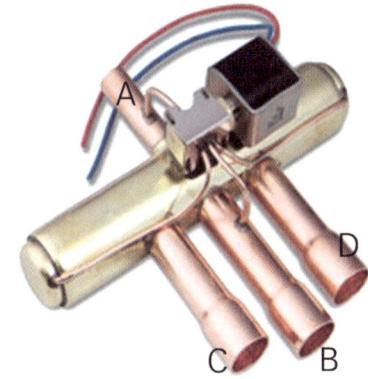

> 정답

① 흡입배관 : B
② 토출배관 : A

07 다음 사진의 장치 명칭과 용도를 쓰시오.

> 정답

1. 명칭 : 배선용 차단기
2. 용도 : 과전류 차단, 배선 및 기기 보호

08 다음 송풍기 사진을 보고 명칭과 유체 진행방향에 따른 작동원리를 쓰시오.

> **정답**
>
> 1. 명칭 : 축류식 송풍기
> 2. 용도 : 프로펠러형 날개가 축회전하며 바람을 축방향으로 흡입하고 송풍한다.

09 아래의 그림을 참고하여 열운반 매체에 따라 전공기방식, 전수방식, 수공기방식, 냉매방식으로 분류할 때 각각 알맞은 열운반방식을 보기에서 골라 쓰시오.

전공기방식, 수공기방식, 전수방식, 냉매방식

(가)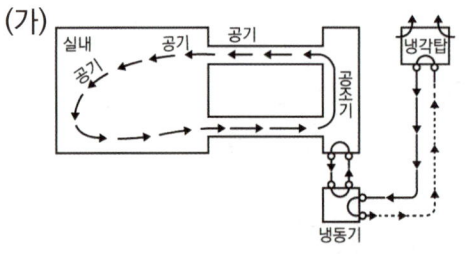

(나)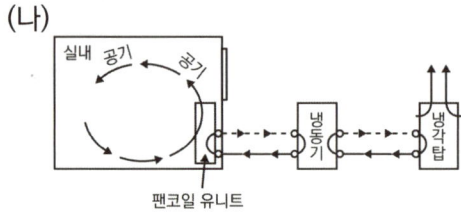

(다)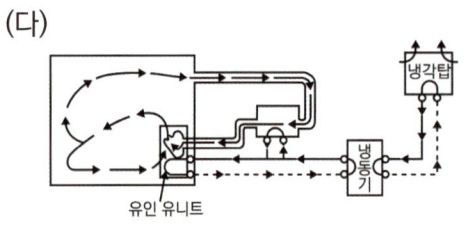

(라)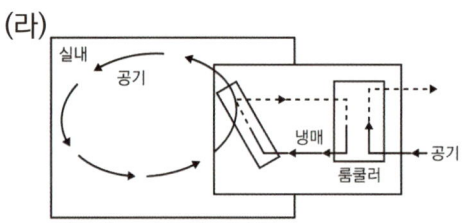

> 정답

(가) : 전공기방식
(나) : 전수방식
(다) : 수공기방식
(라) : 냉매방식

10 아래 그림을 보고 이 장치의 압축기의 명칭과 특징을 쓰시오.

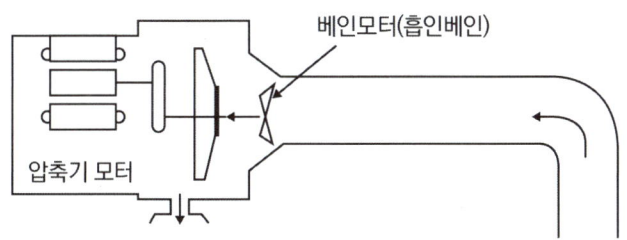

정답

1. 명칭 : 터보형 냉동기(원심식 냉동기)
2. 특징
   ① 대용량에 적합하고 수명이 길다.
   ② 소음이 크다.

11 사진은 냉동장치의 운전 시 과전류 또는 단락전류가 발생하였을 때 단선에 의하여 계기를 보호하는 퓨즈다. 퓨즈의 색깔(녹색, 적색, 청색, 회색 등)이 의미하는 것은?

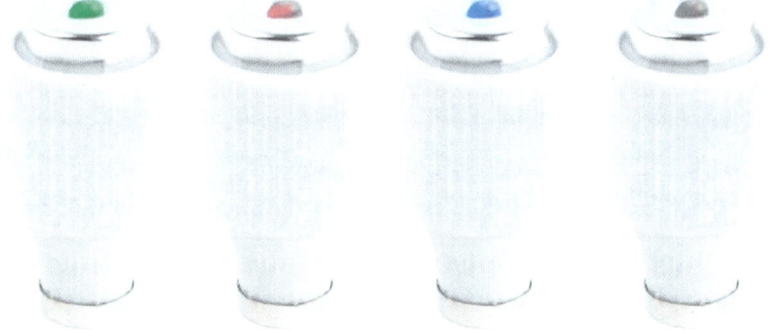

정답

정격전류(퓨즈용량)

12 다음 조건을 참조하여 물음에 답하시오.

[조건]
- 급탕량이 3000 [L/h], 급수온도 10 [℃], 급탕온도 60 [℃], 물의 비열 4.19 [kJ/(kg·K)]
- 난방용 상당증발 1000 [kg/h](100 [℃] 물의증발잠열 h=2257 [kJ/kg])
- 배관손실 및 예열부하는 각각 0.2, 0.15 이다
- 보일러의연료소비량은 130 [m³/h]이며, 연료의저위발열량은 40000 [kJ/m³]이다

① 급탕부하 [kJ/h] ② 상용출력 [kJ/h]
③ 정격출력 [kW] ④ 보일러 효율

정답

① 628500 [kJ/h]
② 3460800 [kJ/h]
③ 3979920 [kJ/h]
④ 76.54 [%]

[해설]

① $q = GC_p \Delta t$
 = 3000 [kg/h] × 4.19 [kJ/(kg·K)] × (60 − 10) = 628500 [kJ/h]

② 상용출력 = 난방부하 + 급탕부하 + 배관부하
 = (1000 × 2257 + 627000) × 1.2 = 3460800 [kJ/h]

③ 정격출력 = 상용출력 + 예열부하
 = 3460800 × 1.15 = 3979920 [kJ/h]

④ 효율 [%] = $\dfrac{\text{정격출력}[kJ/h]}{\text{연료소비량}[m^3/h] \times \text{저위발열량}[kJ/m^3]}$

 = $\dfrac{3979920}{130 \times 40000} \times 100$ [%] = 76.54 [%]

2023 과년도 3회

01 다음 회로도를 보고 PB₁과 PB₂를 눌렀을 때 X₁, X₂가 어떻게 작동되는가?

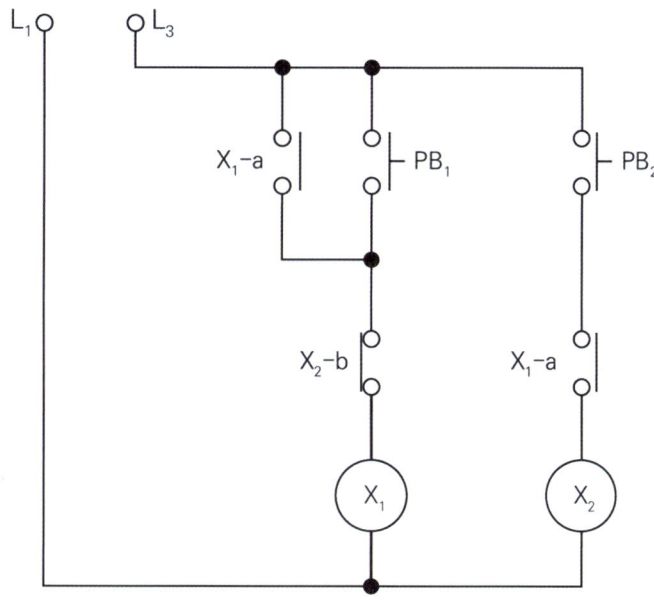

정답

① PB₁을 누르면 X₁이 여자되어 X₁-a 접점이 붙어 자기유지한다.
② PB₂를 누르면 X₂가 여자되어 인터록인 X₂-b 접점이 떨어져 X₁이 소자되고 동시에 X₁-a 접점이 떨어져 자기유지 해제 및 X₂가 소자된다.

02 다음 사진의 부품 명칭과 사용 목적을 쓰시오.

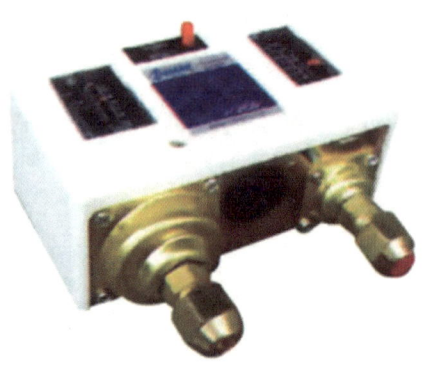

> 정답

- 부품 명칭 : 고저압스위치(고저압차단스위치)
- 사용 목적 : 저압부 압력이 규정 압력 이하로 내려가거나 고압부의 압력이 규정 압력보다 높아질 경우 압축기 운전을 정지시켜 압축기를 보호

03 −10 [℃]의 얼음 1 [kg]을 100 [℃]의 수증기로 만들 때 필요한 열량을 계산하시오. (단, 얼음의 비열은 2.1 [kJ/kg·K], 융해잠열은 334 [kJ/kg], 물의 비열은 4.2 [kJ/kg·K], 증발잠열은 2257 [kJ/kg]이다)

> 정답

3032 [kJ]

[해설]
- 얼음의 현열 : 2.1 [kJ/kg·K] × 1 × 10 = 21 [kJ]
- 융해잠열 : 334 [kJ/kg] × 1 = 334 [kJ]
- 물의 현열 : 4.2 [kJ/kg·K] × 1 × 100 = 420 [kJ]
- 수증기 잠열 : 2257 [kJ/kg] × 1 = 2257 [kJ]
∴ 필요열량 = 21 + 334 + 420 + 2257 = 3032 [kJ]

04 실내의 취득열량은 현열이 8.3 [kW], 잠열이 2.8 [kW]였다. 실내건구온도는 25 [℃], 상대습도 60 [%] 유지를 위해 취출온도차를 9 [℃]로 송풍하고자 할 때 현열비(SHF)를 구하시오.

정답

0.75

[해설]

- 현열비 = $\dfrac{현열}{현열 + 잠열} = \dfrac{8.3}{8.3 + 2.8} = 0.745$

05 실내 공기를 배출할 때 외기와 열교환시켜 열 회수를 하는 장치로 현열 및 잠열을 동시에 회수하여 열회수 효과가 크다 이 장치의 명칭을 쓰시오.

정답

전열교환기

06 다음 습공기 선도의 a~e선 명칭을 보기에서 골라 쓰시오.

[보기]
건구온도, 습구온도, 비체적, 밀도, 절대습도, 상대습도, 현열비, 노점온도, 엔탈피

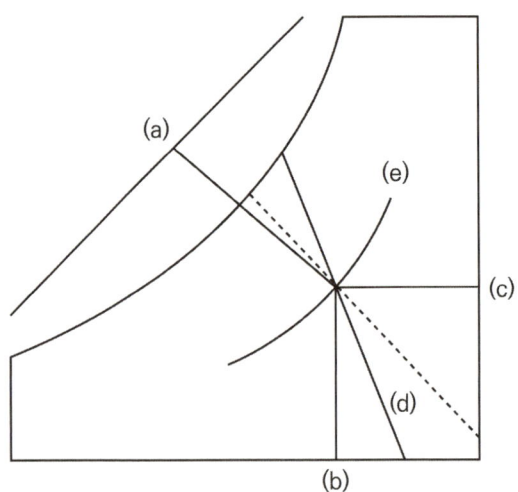

정답

(a)엔탈피, (b)건구온도, (c)절대습도, (d)비체적, (e)상대습도

07 다음 그림은 팽창밸브이다. 팽창밸브의 차압에 대한 아래 조건에 따라 보기 중 알맞은 번호를 골라쓰시오. (P_1 : 감온통 봉입 가스압, P_2 : 증발기 내부 냉매증발압력, P_3 : 과열도 조절 나사 스프링 압력)

---[보기]---
① $P_1 = P_2 + P_3$,   ② $P_1 > P_2 + P_3$,   ③ $P_1 < P_2 + P_3$

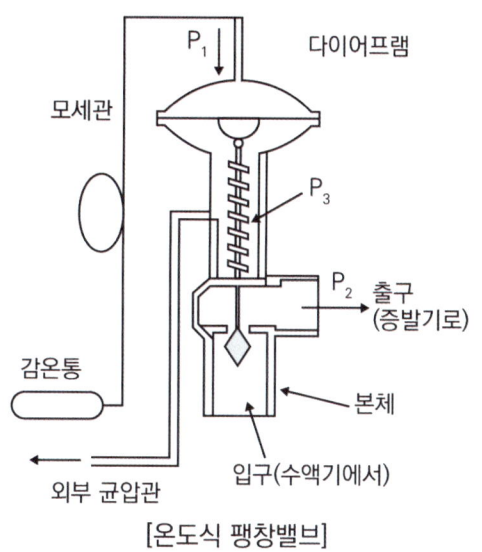

[온도식 팽창밸브]

정답

1. 밸브 개도가 작을 때 : ③
2. 밸브 개도가 정상일 때 : ①
3. 밸브 개도가 클 때 : ②

08 팽창밸브와 응축기 사이에 설치하는 장치로 아래 사진의 명칭과 설치 목적을 쓰시오.

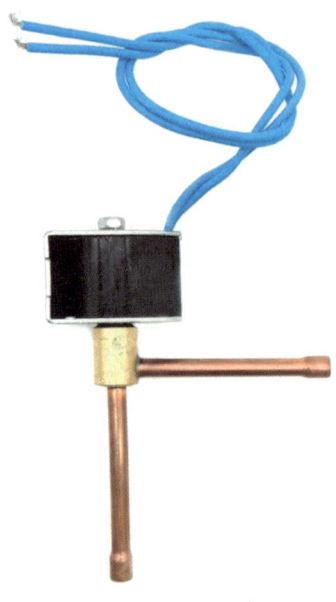

> 정답

1. 명칭 : 전자밸브
2. 설치 목적 : 팽창밸브와 응축기 사이에 설치되는 전자밸브의 설치 목적은 냉매 용량제어에 그 목적이 있다.

09 다음 사진을 보고 배관재료의 명칭을 쓰시오

> **정답**
>
> 동관용 90도 엘보

10 다음 그림을 보고 각 각의 계전기 명칭을 쓰시오.

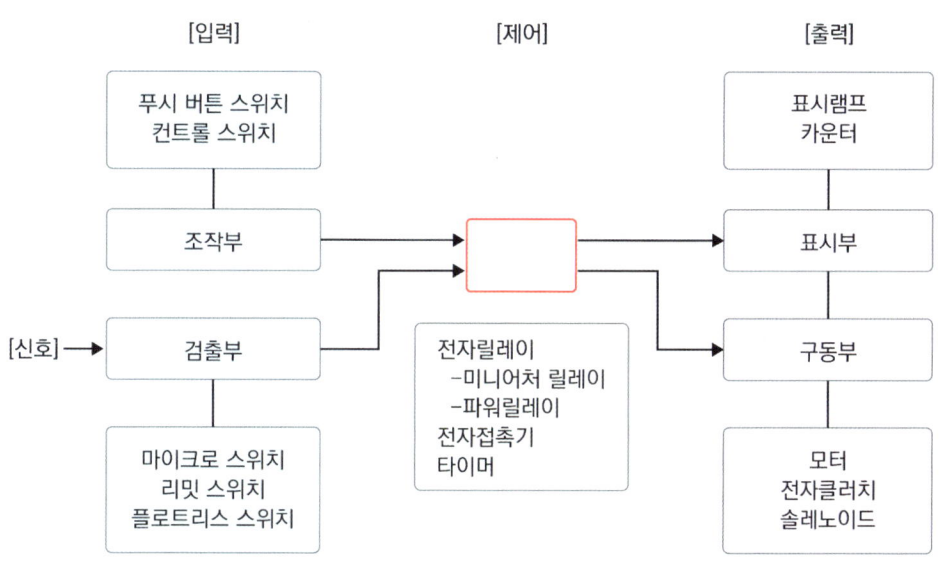

> **정답**
>
> 제어부

11 체크밸브의 역할을 쓰시오.

> **정답**
> 역할 : 배관 중 유체의 흐름을 한 방향으로 하는 역할로 역류를 방지

12 아래 도시기호를 보고 빈칸에 알맞은 명칭을 쓰시오.

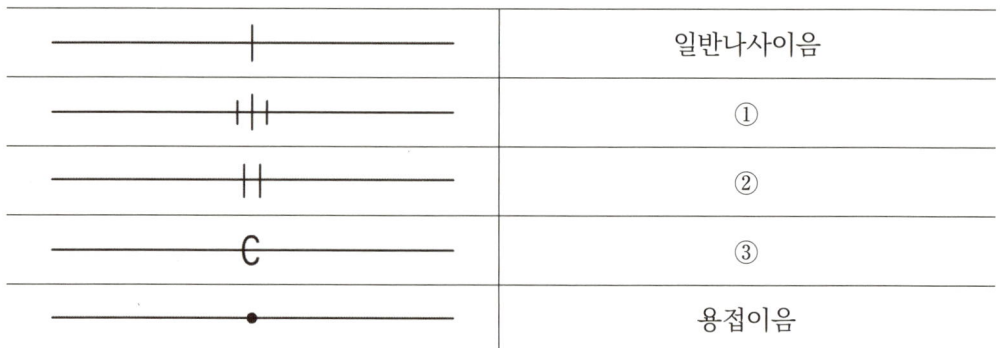

> **정답**
> ① 유니온이음, ② 플랜지이음, ③ 소캣이음

2022 과년도 1회

01 다음 화면을 보고 (가)의 빈칸을 작도하고 (나), (다)의 빈칸을 보기에서 알맞은 답을 골라 쓰시오.

[설명]
1. 전원을 인가하면 RL이 점등되고, 이 상태에서 PBS(녹색)을 누르면 GL이 점등되고, RL이 소등된다.
2. PBS(적색)을 누르면 GL이 소등되고, RL은 처음상태로 점등된다.

[보기]
GL. RL

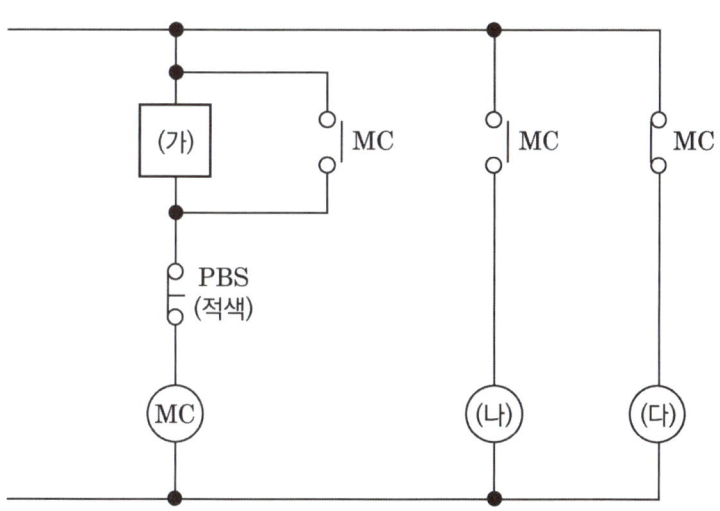

> [정답]
>
> (가) ⎡PBS (녹색)⎤ 〔a접점 심볼〕　　(나) GL　　(다) RL

02 다음 화면을 참고하여 알맞은 회로를 쓰시오.

[설명]
① PBS1(녹색)을 누르면 R, MC, RL, GL이 모두 전원 인가
② PBS2(적색)을 누르면 R, MC, GL 전원이 소자되며, RL만 전원 인가

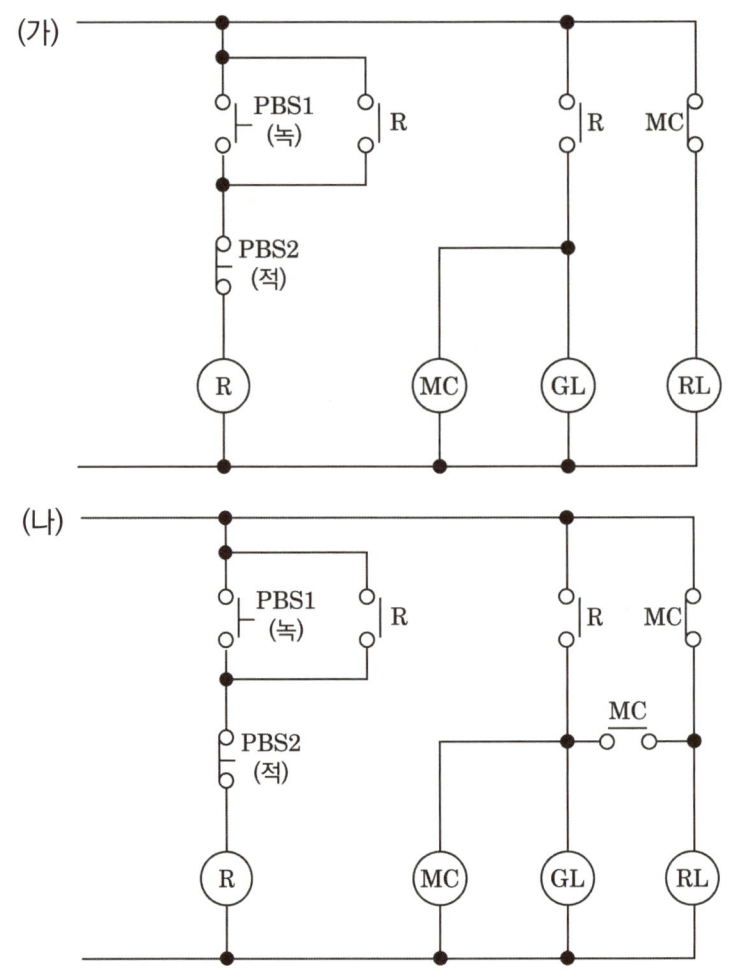

정답

(나)

03 다음 영상에서 나오는 장치의 압축기 명칭을 쓰시오.

> [정답]
>
> 공냉 왕복동식 압축기

04 다음 동영상은 배관 부속품이다. 각 명칭을 쓰시오.

①

②

③

④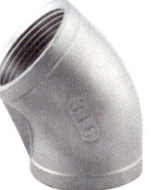

> [정답]
>
> ① 부싱　　② 90도 엘보
> ③ 캡　　　④ 45도 엘보

05 다음 영상 속 밸브 명칭과 역할을 쓰시오.

> 정답
>
> 1. 명칭 : 브라켓밸브
> 2. 역할 : 냉동기 고압측에 설치하여 냉매 충전, 회수 시 사용

06 다음 화면은 액분리기이다. 액분리기 설치 장소와 역할에 대해 쓰시오.

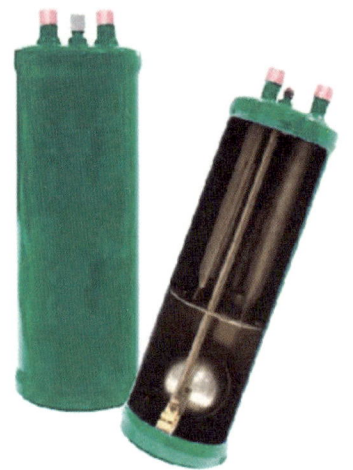

> 정답

1. 설치 장소 : 증발기와 압축기 사이 흡입관상
2. 역할 : 흡입가스 중 액 냉매를 분리하여 증기만을 압축기로 흡입시킴으로써 액 압축을 방지하여 압축기를 보호해주는 역할

07 다음 화면의 부품 명칭과 역할을 쓰시오.

> 정답

1. 명칭 : 디스크식 증기트랩
2. 역할 : 응축수 제거

08 화면에서 보여주는 밸브의 명칭을 쓰시오.

(가)　　　　　　　　(나)　　　　　　　　(다)

> 정답

(가) 글로브밸브　　(나) 다이어프램식 스톱밸브　　(다) 냉매용 볼밸브

09 다음 영상의 배관이음 입체도의 배관이음 부속(엘보와 티)의 개수를 쓰시오.

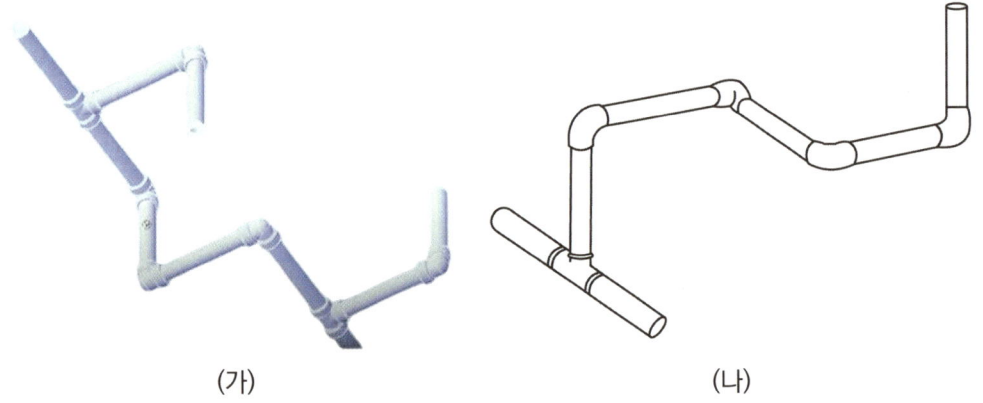

(가)　　　　　　　　　　　　　(나)

> 정답

(가) 엘보 : 5개,　티 : 2개
(나) 엘보 : 4개,　티 : 1개

10 다음 동영상은 전기설비에 사용되는 측정기이다. 이 부품의 명칭을 쓰시오.

> 정답

교류용 전압계

11 다음 화면의 부품 명칭과 역할을 각각 쓰시오.

> 정답

1. 명칭 : 조광형 누름 버튼 스위치
2. 역할 : 개폐의 기능에 따라 소등 또는 점등되고 a, b 접점 스위치 기능을 가짐

12 다음 화면의 기기 명칭과 A 청색호스, B 황색호스, C 적색호스는 각각 어디에 연결하는지 보기에서 찾아 쓰시오.

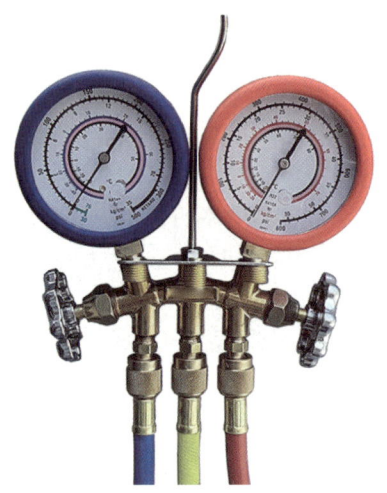

고압부, 저압부, 냉매용기

> 정답

1. 명칭 : 매니폴더게이지
2. 연결부
   ① A 청색호스 : 저압부
   ② B 황색호스 : 냉매용기
   ③ C 적색호스 : 고압부

2022 과년도 2회

01 다음 영상을 보고 회로도 (가), (나), (다) 빈칸에 알맞은 기호를 쓰시오.

[설명]
① 차단기를 올리면 아무 동작이 없음
② PB(녹색)을 누르면 RL 점등, PB(녹색)을 떼어도 RL 유지
③ PB(적색)을 누르면 RL 소등, 원래상태로 복귀

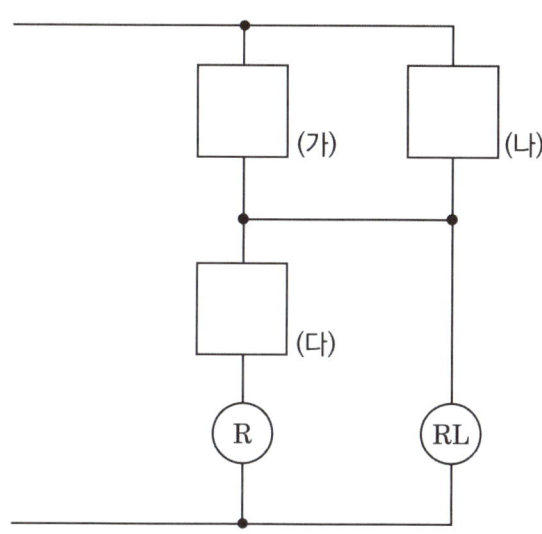

정답

(가) ⊶⊷ (나) ⊶│R-a (다) ⊶⊶

02 다음 화면을 참고하여 알맞은 회로를 쓰시오.

[설명]
① PBS1(녹색)을 누르면 R, MC, RL, GL이 모두 전원 인가
② PBS2(적색)을 누르면 R, MC, GL 전원이 소자되며, RL만 전원 인가

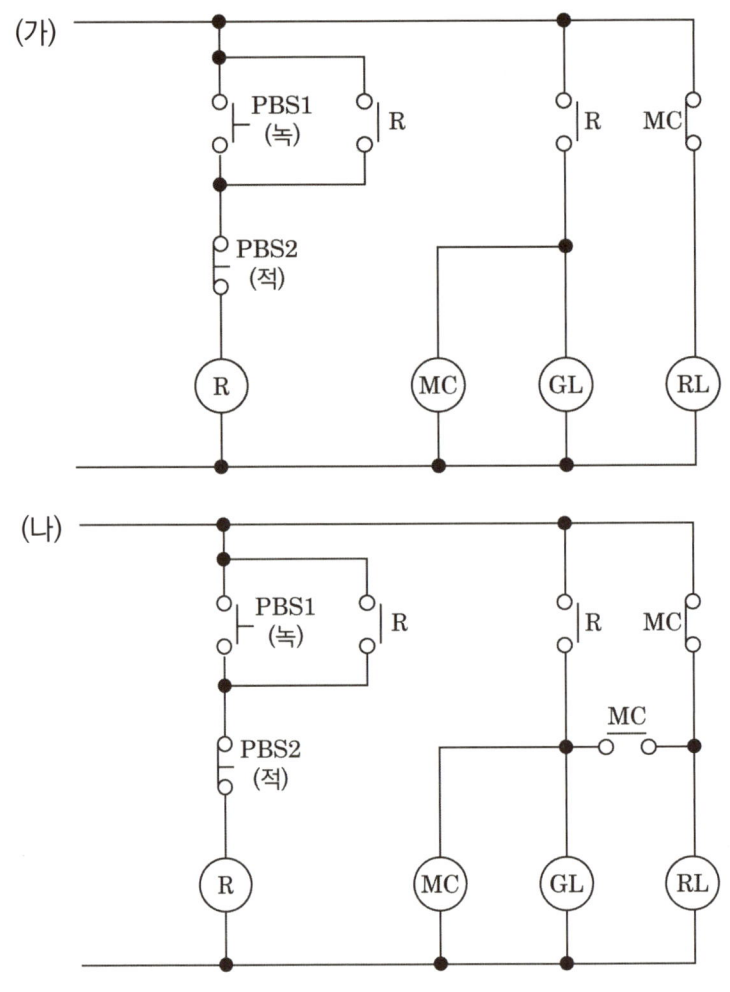

정답

(나)

03 다음 화면에서 보여주는 댐퍼의 명칭과 작동원리를 각각 쓰시오.

> **정답**
>
> 1. 명칭 : 릴리프 댐퍼
> 2. 작동원리 : 일정방향에서 일정한 압력으로 작용 시에만 열리게 되어 있어 역류를 방지한다.

04 다음 동영상은 배관 부속품이다. 각 명칭을 쓰시오.

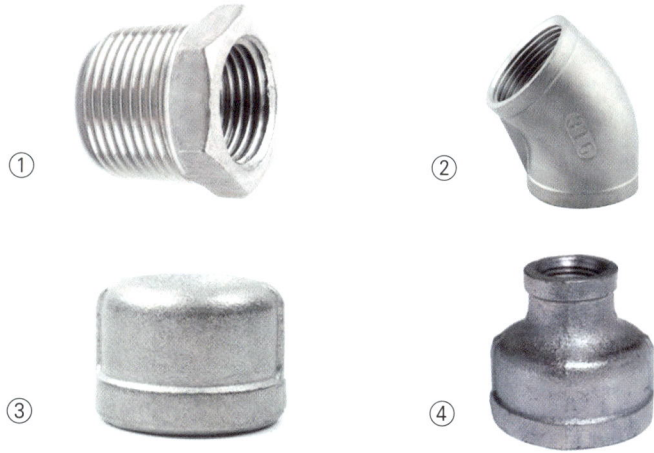

> 정답

① 부싱
② 45도 엘보
③ 캡
④ 레듀샤

05 화면에서 보여주는 부품의 명칭과 기능, 설치 위치를 쓰시오.

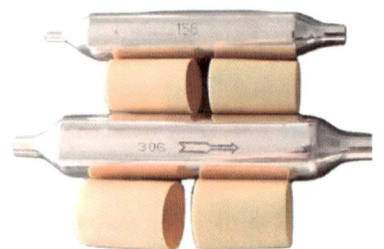

> 정답

1. 명칭 : 필터드라이어
2. 기능 : 냉매 속 수분을 제거
3. 설치 위치 : 응축기와 팽창밸브 사이

06 다음 화면에 보이는 공구 명칭을 각각 쓰시오.

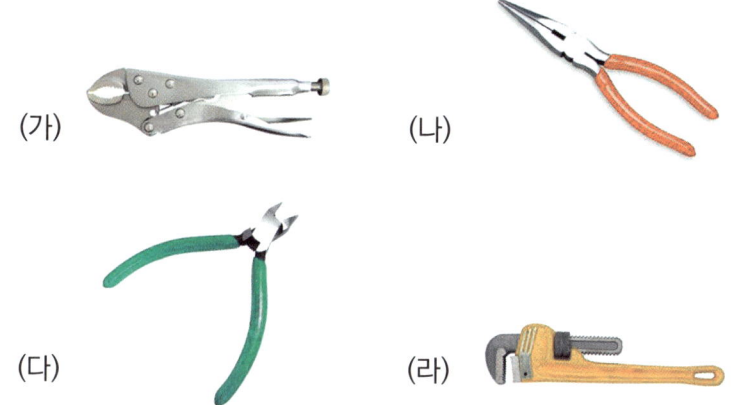

정답

(가) 바이스 플라이어
(나) 롱노즈플라이어
(다) 니퍼
(라) 파이프렌치

07 다음 영상의 취출구 명칭과 특징을 쓰시오.

정답

1. 명칭 : 아네모스텟형 취출구
2. 특징 : 유인 2차 공기량이 많아 확산이 양호

08 다음 화면에 보이는 냉동기 명칭과 내부에 설치된 장치를 보기에서 모두 골라 쓰시오.

[보기]
압축기, 응축기, 팽창밸브, 증발기

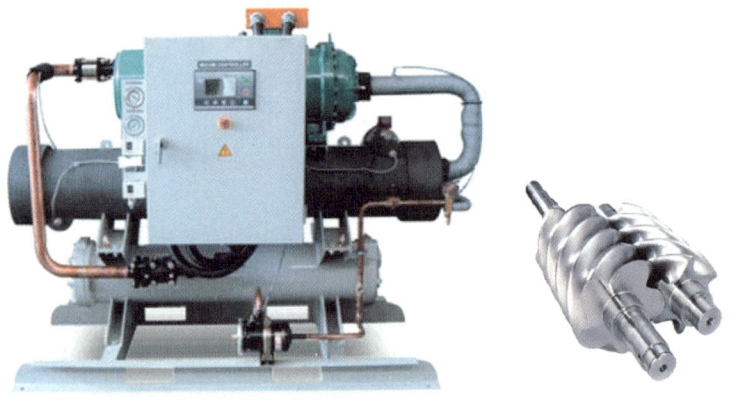

정답

1. 명칭 : 수냉식 스크류 냉동기(수냉식 콘덴싱형)
2. 내부에 설치된 장치 : 압축기, 응축기

09 다음 화면을 보고 평면도를 그리시오.

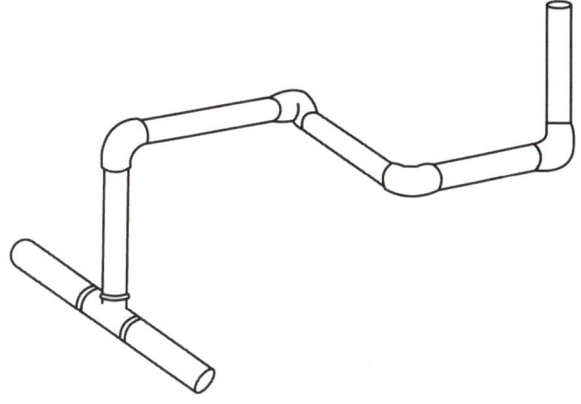

정답

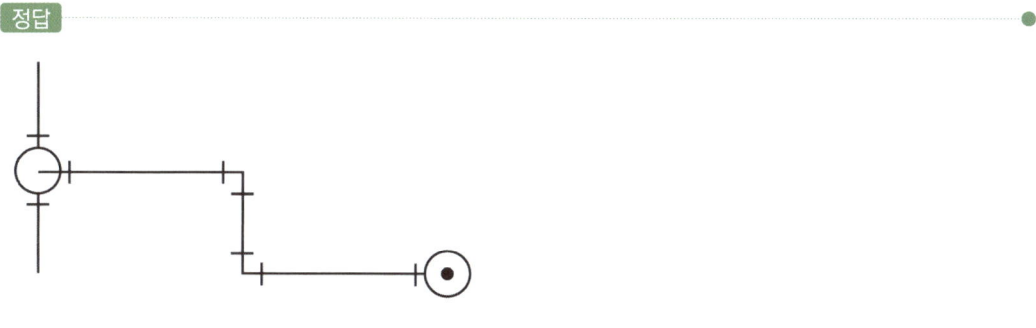

10 다음 화면은 액분리기이다. 액분리기 설치 장소와 역할에 대해 쓰시오.

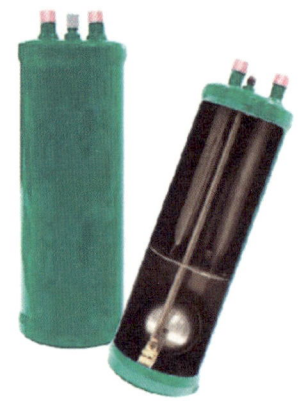

> 정답
>
> 1. 설치 장소 : 증발기와 압축기 사이 흡입관상
> 2. 역할 : 흡입가스 중 액 냉매를 분리하여 증기만을 압축기로 흡입시킴으로써 액 압축을 방지하여 압축기를 보호해주는 역할

11 다음 화면의 배전반에 설치되어 있는 장치 명칭과 목적을 쓰시오.

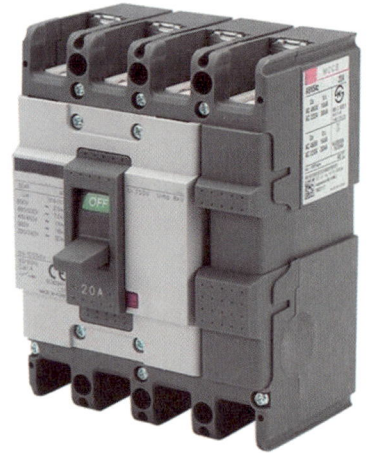

> [정답]

명칭 : 배선용 차단기
목적 : 과전류를 차단하여 배선 및 기기 보호

12 다음 화면의 기기 명칭과 A 청색호스, B 황색호스, C 적색호스는 각각 어디에 연결하는지 보기에서 찾아 쓰시오.

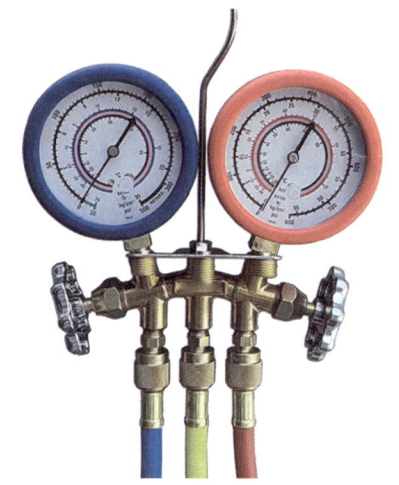

고압부, 저압부, 냉매용기

> [정답]

1. 명칭 : 매니폴더게이지
2. 연결부
    ① A 청색호스 : 저압부
    ② B 황색호스 : 냉매용기
    ③ C 적색호스 : 고압부

2022 과년도 3회

01 다음 화면을 참고하여 LS(백색)을 누를 때 (가), (나), (다), (라)의 점등 상태를 on, off로 표시하시오.

[설명]
① LS백(리밋스위치)가 작동되면 MC(나)가 여자되어 on되고, MC-a가 여자되어 RL(다)이 on되며, MC-b가 소자되어 GL(라)는 off
② FRY는 THR이 동작할 때만 YL(가)이 on되지만, LS(백)을 누를 때와는 상관없는 off 상태

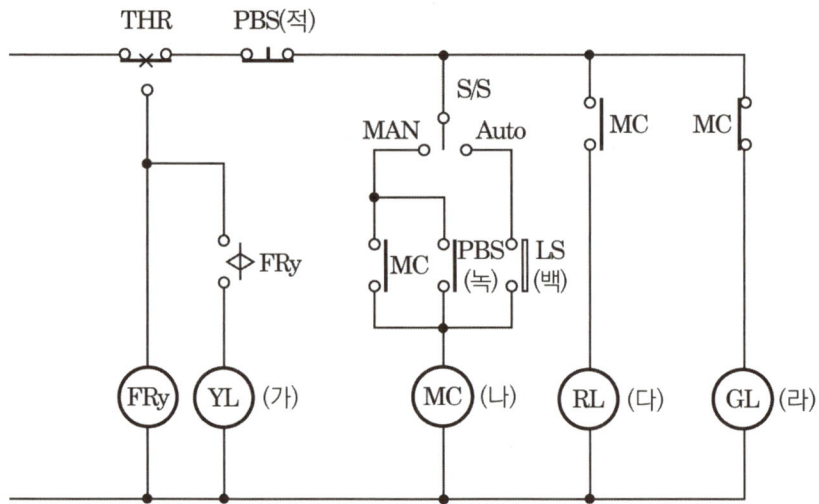

> 정답

(가) : off
(나) : on
(다) : on
(라) : off

02 다음 영상에서 PBS1(녹색)을 눌렀을 때 (가), (나)의 점등 상태를 on, off로 쓰시오.

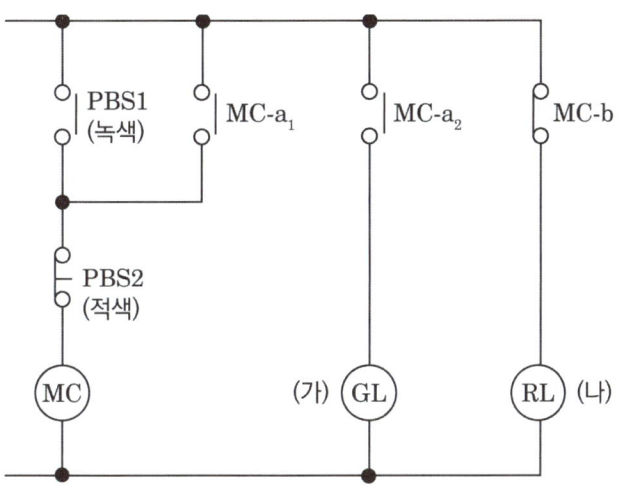

> **정답**

(가) : on
(나) : off

03 화면에서 보여주는 장치 명칭과 특징을 각각 쓰시오.

> **정답**

1. 명칭 : 스크류압축기
2. 특징 : 흡입, 배출이 연속적이고 수명이 길고 용량제어가 용이하여 자동운전에 적합하다.

04 다음 화면의 장치 명칭과 기능을 쓰시오.

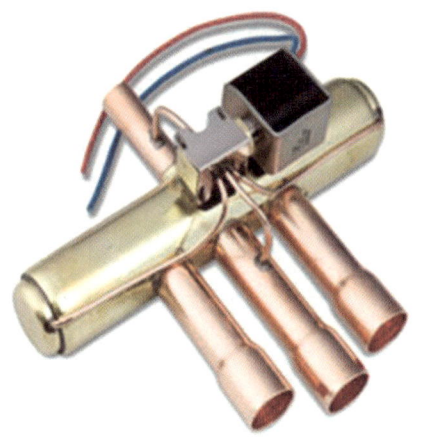

> **정답**
>
> 1. 명칭 : 사방밸브
> 2. 기능 : 히트펌프, 냉동장치의 유체 흐름을 바꾸어 냉·난방 전환에 사용

05 다음 동영상은 전기설비에 사용되는 측정기이다. 이 부품의 명칭을 쓰시오.

> 정답

교류용 전압계

06 다음 동영상은 배관 부속품이다. 각 명칭을 쓰시오.

 ①    ②

③    ④

> 정답

① 부싱
② 45도 엘보
③ 캡
④ 레듀샤

07 화면에서 보여주는 부품의 명칭과 기능, 설치 위치를 쓰시오.

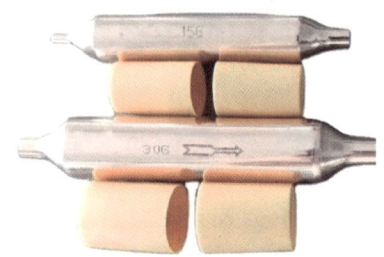

> 정답

1. 명칭 : 필터드라이어
2. 기능 : 냉매 속 수분을 제거
3. 설치 위치 : 응축기와 팽창밸브 사이

08 다음 화면의 에어커튼 취출 특성을 가진 취출구 명칭과 설치 목적을 쓰시오.

> 정답

- 명칭 : 캄 라인형 취출구
- 목적 : 창문 부분 천장에 설치, 외부 공기를 차단하여 열손실을 방지하고, 곤충 등의 이물질을 차단

09 다음 화면은 액분리기이다. 액분리기 설치 장소와 역할에 대해 쓰시오.

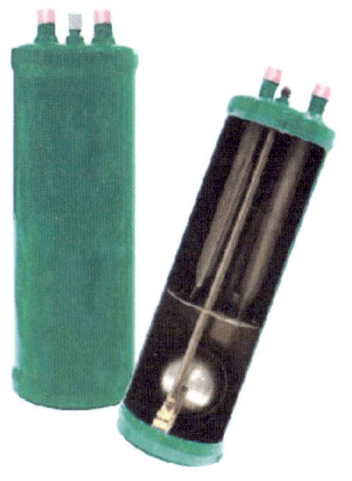

> **정답**
>
> 1. 설치 장소 : 증발기와 압축기 사이 흡입관상
> 2. 역할 : 흡입가스 중 액 냉매를 분리하여 증기만을 압축기로 흡입시킴으로써 액 압축을 방지하여 압축기를 보호해주는 역할

10 화면에 보이는 부품의 명칭을 쓰시오.

> **정답**
> 전자접촉기(MC)

11 다음 화면을 보고 배관 (가)평면도, (나)의 정면도를 각각 그리시오.

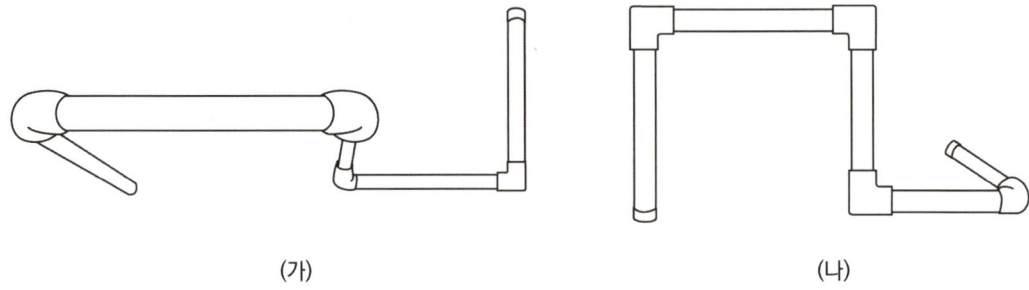

(가)　　　　　　　　　　　　　　(나)

※(가)는 위에서 내려다 본 모습이다.

> **정답**

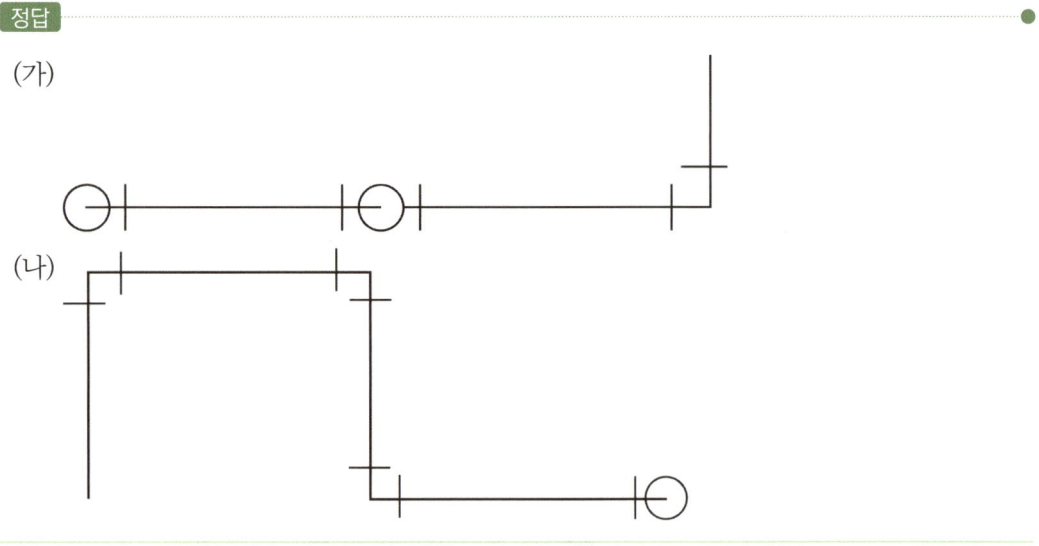

12 다음 동영상의 밸브의 명칭과 작동 원리에 대하여 쓰시오.

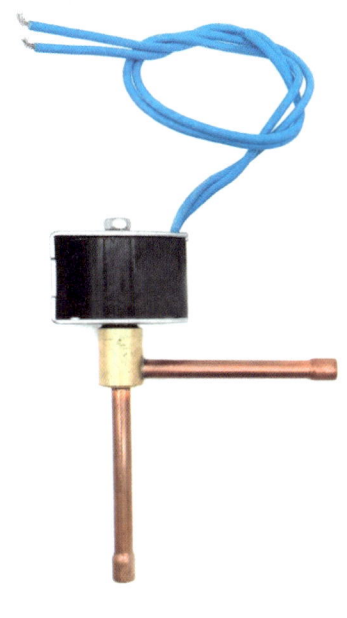

정답

1. 명칭 : 전자밸브(전자변)
2. 작동 원리 : 솔레노이드 전자기력에 의하여 침탐의 왕복운동으로 밸브가 개폐하는 원리

2021 과년도 1회

01 영상을 보고 작업자 실수로 다음과 같이 잘못 그려진 회로도에서 잘못된 접점이 연결된 램프의 기호를 쓰시오.

[설명]
① 전원을 인가하면 RL램프만 점등
② PBS(백색)을 누르면 MC전원이 인가되고 자기 유지되어 RL램프 소등
③ PBS(녹색)을 누르는 동안(인칭회로) YL 점등

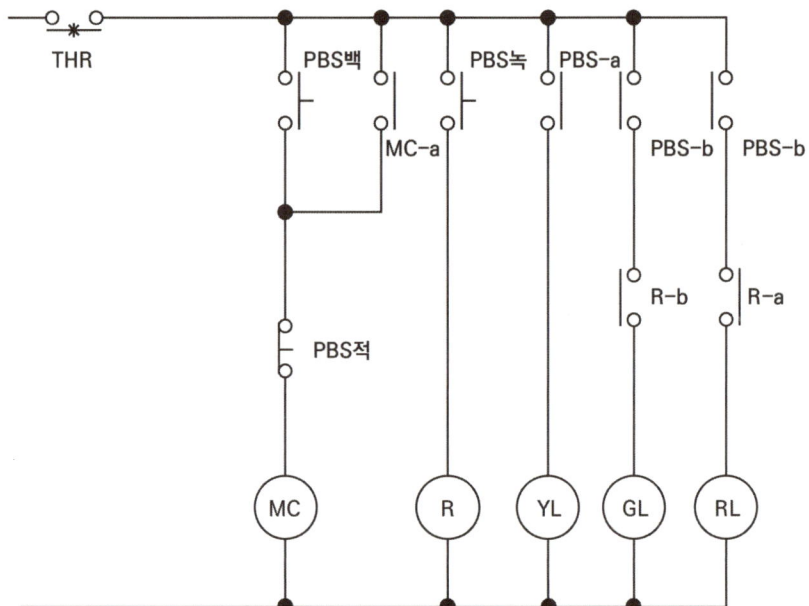

> **정답**

RL램프, YL램프

[해설]
RL 램프(상단 R-a 접점은 MC-b 접점이 되어야 한다)
YL 램프(상단 PBS-a 접점은 R-b 접점이 되어야 한다)

02 다음 영상에서 PBS1(녹색)을 눌렀을 때 (가), (나)의 점등 상태를 on, off로 쓰시오.

[설명]
① 전원을 인가하면 RL이 on되고 GL은 off
② PBS1(녹색)을 누르면 MC-a1이 닫혀 MC는 자기유지되고, MC-a$_2$가 닫혀 GL이 on되고, PBS2를 누르면 MC가 소자되어 GL이 off되고, RL은 그대로 on

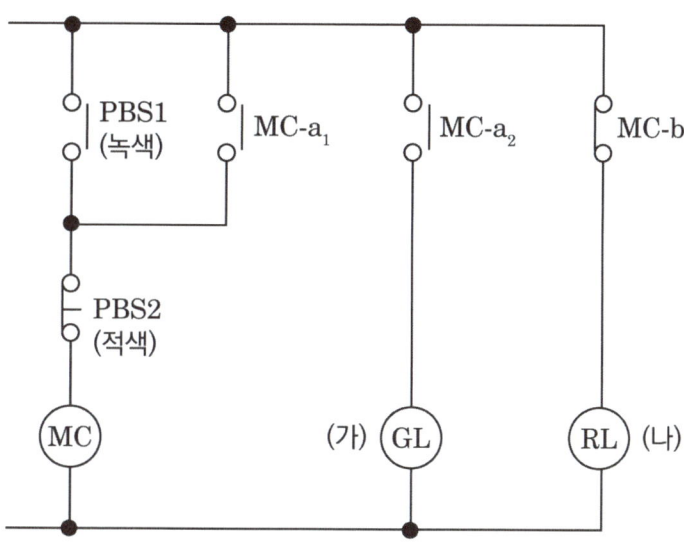

정답

(가) : on
(나) : off

03 화면에서 보여주는 장치 명칭과 설치 목적을 각각 쓰시오.

> 정답

1. 명칭 : 오일레귤레이터
2. 설치 목적 : 압축기 내 오일 압력을 균일하게 유지

04 다음 영상에서 나오는 공랭식 장치의 압축기 명칭을 쓰시오.

> 정답

왕복동식 압축기

05 다음 화면의 부속 명칭과 용도를 쓰시오. (배수관과 연결된 부속이다)

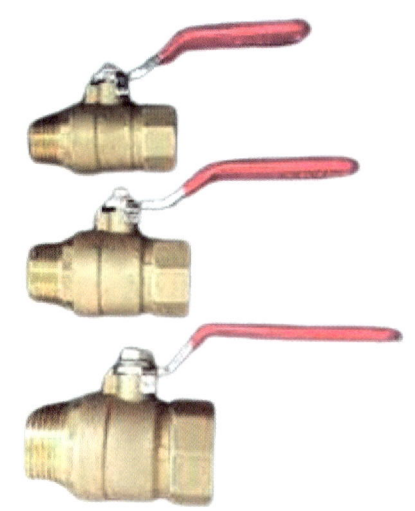

> **정답**

1. 명칭 : 드레인밸브
2. 용도 : 헤더 내부의 이물질 및 드레인 배출

06 다음 화면의 기기 명칭과 A 청색호스, B 황색호스, C 적색호스는 각각 어디에 연결하는 지 보기에서 골라 쓰시오.

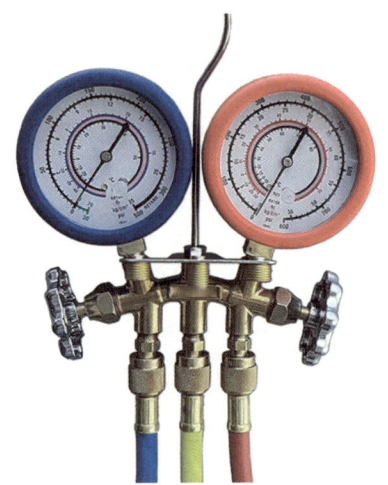

고압부, 저압부, 용기

> 정답

1. 명칭 : 매니폴더게이지
2. 연결부
   ① A 청색호스 : 저압부
   ② B 황색호스 : 용기
   ③ C 적색호스 : 고압부

07 다음 영상의 배관을 보고 티와 엘보우가 각각 몇 개인지 쓰시오.

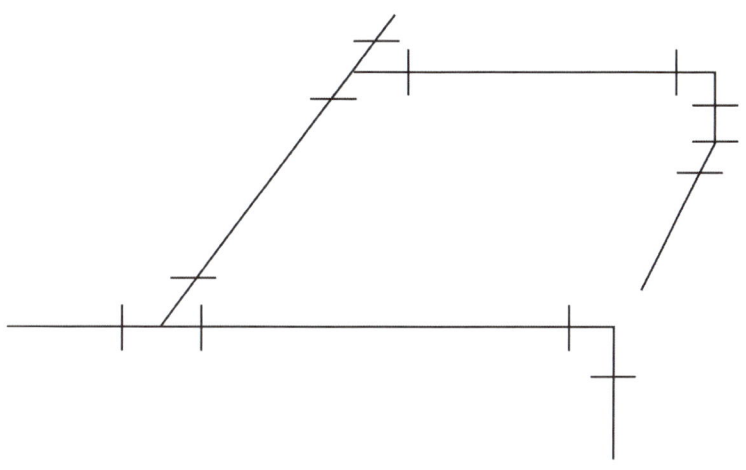

> **정답**
>
> 1. 티 : 2개
> 2. 엘보우 : 3개

08 다음 영상에 나오는 장치 명칭과 설치 목적, 2개를 동시에 설치하는 이유를 각각 쓰시오.

> **정답**
>
> 1. 명칭 : 수면계
> 2. 설치 목적 : 보일러 내부의 수면을 측정하기 위해 설치
> 3. 2개를 동시에 설치하는 이유 : 정확한 수위 판단을 위해

09 다음 화면의 부품 명칭과 용도를 각각 쓰시오.

> **정답**
>
> 1. 명칭 : 11핀 릴레이소켓
> 2. 용도 : 전자코일에 전원을 인가하여 자력을 이용한 입력 신호에 따라 전기회로를 개폐

10 화면에서 보여주는 공구 명칭과 그 사용 목적을 쓰시오.

> **정답**
>
> 1. 명칭 : 리머
> 2. 용도 : 거스러미 제거

11 다음 화면의 배전반에 설치되어 있는 장치 명칭을 쓰시오.

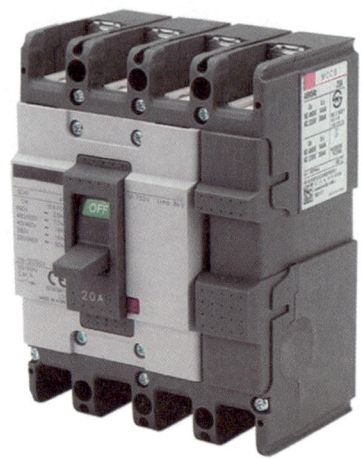

> 정답

배선용 차단기

12 다음 동영상의 부품 명칭과 작동 원리를 쓰시오.

> 정답

1. 명칭 : 볼 플로트형 스팀 트랩(기계식 부자형 증기 트랩)
2. 작동 원리 : 증기와 응축수 간의 비중 차를 이용해서 응축수 배출

2021 과년도 2회

01 다음 영상을 보고 회로도 (가), (나), (다) 빈칸에 알맞은 기호를 쓰시오.

[설명]
① 차단기를 올리면 아무 동작이 없음
② PB(녹색)을 누르면 RL 점등, PB(녹색)을 떼어도 RL 유지
③ PB(적색)을 누르면 RL 소등, 원래 상태로 복귀

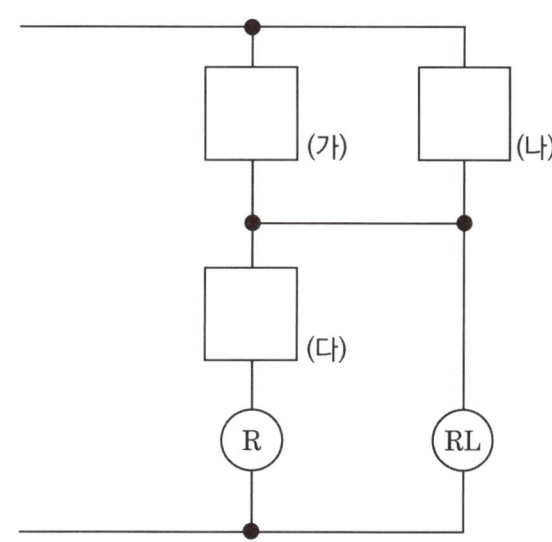

정답

(가) ○╱○   (나) ○╱○ R-a   (다) ○╲○

02 다음 영상을 보고 PB(녹색)을 눌렀을 때 (가), (나)의 점등 상태를 on, off로 쓰시오.

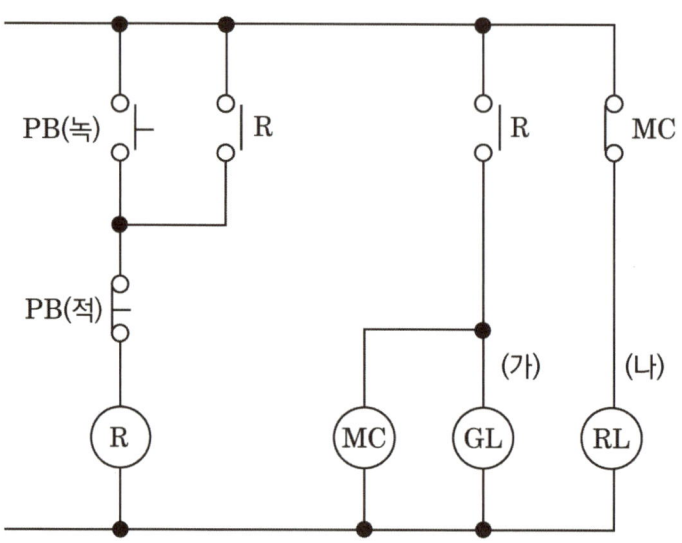

> 정답

(가) : on
(나) : off

03 다음 화면에서 보여주는 부품의 명칭과 용도를 쓰시오.

> **정답**
>
> 1. 명칭 : 역류방지밸브(체크밸브)
> 2. 용도 : 유체 흐름의 역류 방지

04 다음 화면에서 보여주는 장치 명칭과 용도를 쓰시오.

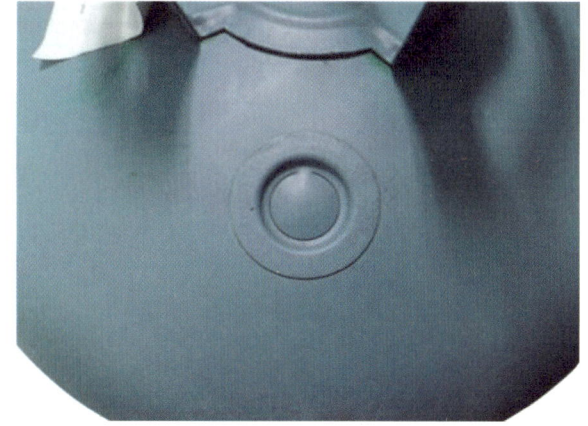

> **정답**
>
> 1. 명칭 : 파열판
> 2. 용도 : 용기가 일정 압력 이상이 되었을 때 용기파열을 방지

05 다음 화면의 부속 명칭과 용도를 쓰시오. (배수관과 연결된 부속이다)

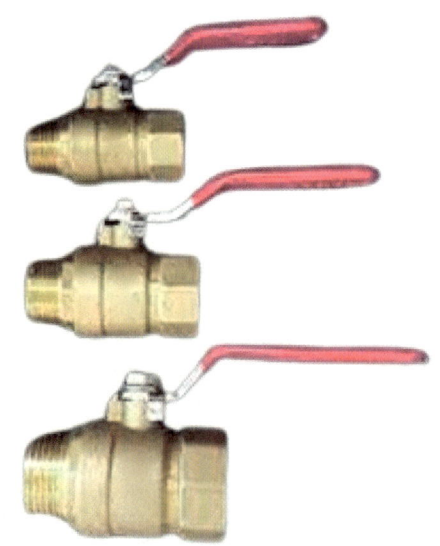

> 정답

1. 명칭 : 드레인밸브
2. 용도 : 헤더 내부의 이물질 및 드레인 배출

06 다음 화면에 보이는 냉동기 명칭과 내부에 설치된 장치를 보기에서 모두 골라 쓰시오.

[설명]
압축기, 응축기, 팽창밸브, 증발기

정답

1. 명칭 : 수냉식 스크류 냉동기(수냉식 콘덴싱형)
2. 내부에 설치된 장치 : 압축기, 응축기

07 다음 화면에서 나오는 장치 명칭과 그 사용 목적과 역할을 쓰시오.

> 정답
>
> 1. 명칭 : 버터플라이밸브
> 2. 사용 목적 : 고압의 물이나 증기, 공기, 가스용으로 사용
> 3. 역할 : 유로개폐 및 유량 조절

08 다음 영상을 보고 (가)와 (나) 장치 명칭을 쓰시오.

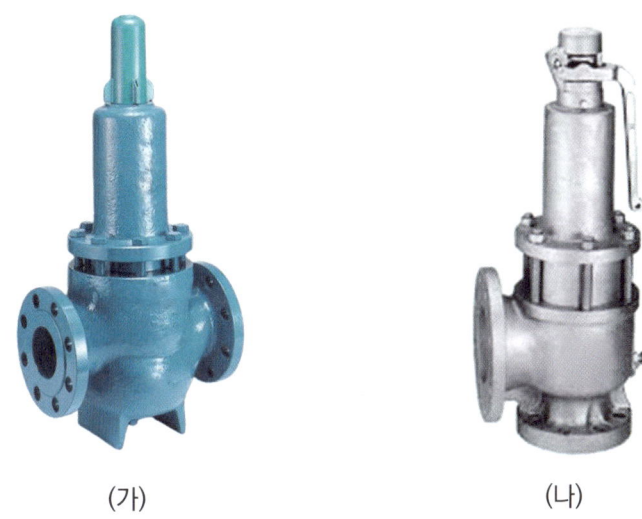

(가)   (나)

> **정답**
>
> (가) : 감압밸브
> (나) : 스프링식 안전밸브

09 다음 화면의 부품 명칭과 용도를 각각 쓰시오.

> **정답**
>
> 1. 명칭 : 11핀 릴레이소켓
> 2. 용도 : 릴레이 부품 장착과 결선을 위한 부품

10 다음 영상의 여과식 필터 종류 2가지를 쓰시오.

> **정답**
>
> 헤파필터(HEPA), 울파필터(ULPA)

11 다음 영상의 배관이음을 보고 엘보와 티의 개수를 각각 쓰시오.

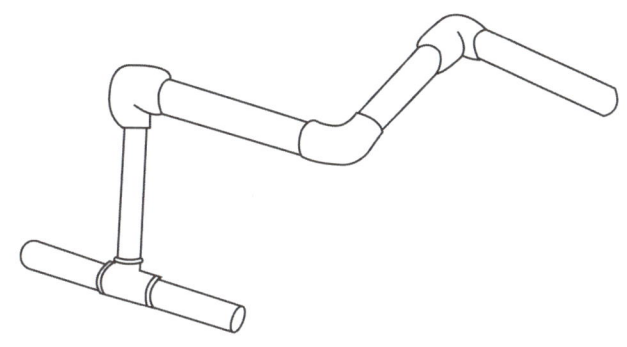

정답

1. 엘보 : 3개
2. 티 : 1개

12 다음 화면의 장치 명칭과 용도를 쓰시오.

정답

1. 명칭 : 배선용 차단기
2. 용도 : 과전류 차단, 배선 및 기기보호

2021 과년도 3회

01 다음 영상을 보고 토글스위치(TG)를 ON할 경우 부저(BZ)와 RL의 상태를 on, off로 쓰시오.

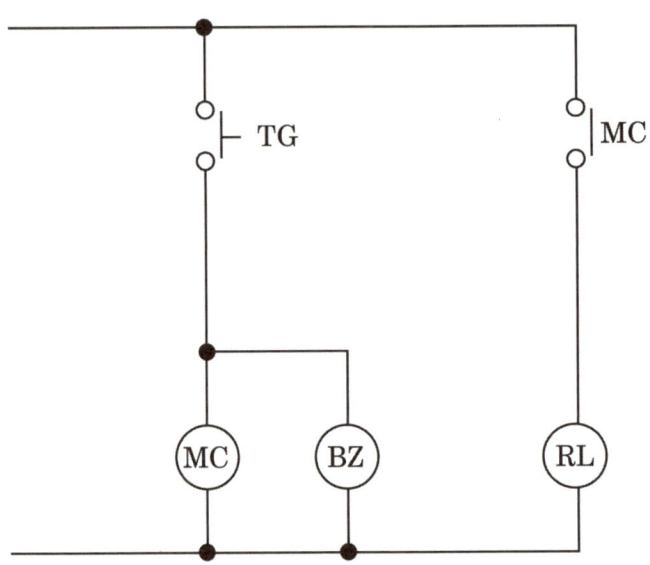

> **정답**
> - 부저(BZ) : on
> - RL : on

02 다음 화면을 보고 알맞은 회로를 찾으시오.

[설명]
1. 전원을 인가하면 RL램프가 점등되고, PBS1(녹색)을 누르면 MC가 자기유지되어 GL램프가 점등되고, RL램프는 소등된다.
2. PBS2 (적색)을 누르면 초기상태인 RL램프만 점등된다.

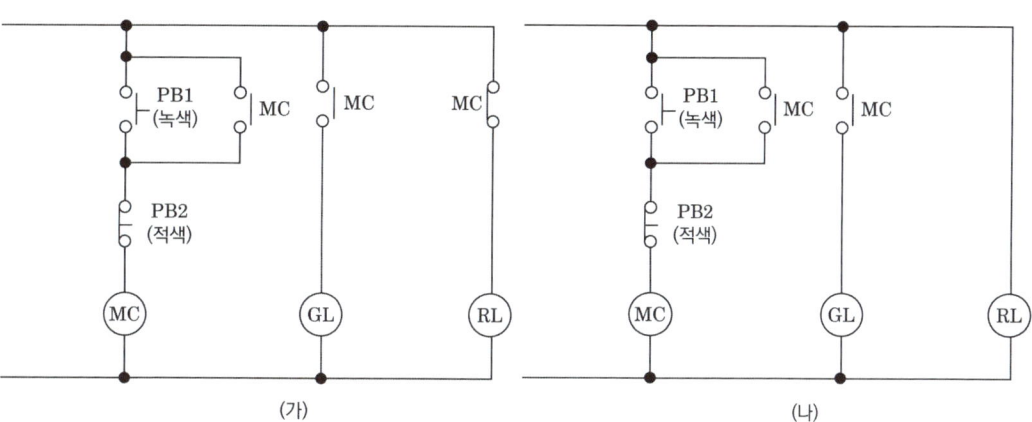

정답
(가)

03 다음 화면을 보고 배관이음의 정면도를 도시기호로 그리시오.

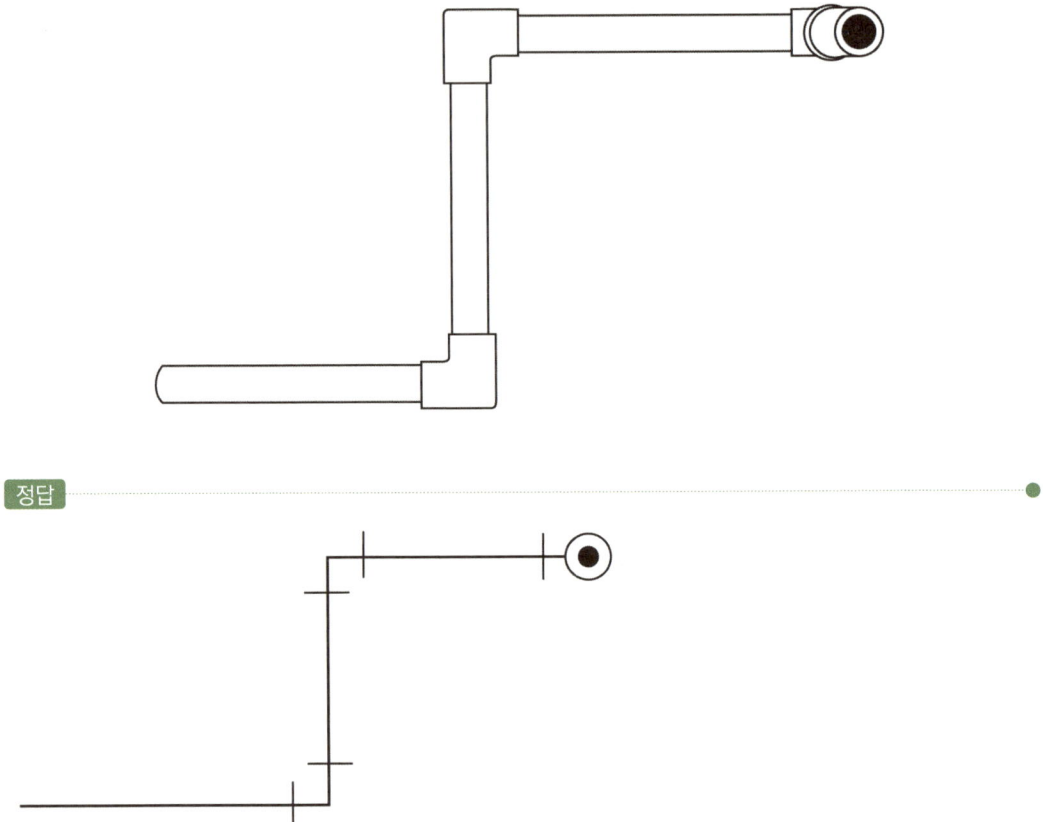

정답

04 다음 화면에서 보여주는 부품의 명칭과 용도를 쓰시오.

> **정답**
>
> 1. 명칭 : 역류방지밸브(체크밸브)
> 2. 용도 : 유체 흐름의 역류 방지

05 다음 화면에 보이는 부속기기 명칭과 전면 중앙 상부의 빨간 돌출부 명칭 및 기능을 쓰시오.

> **정답**
>
> 1. 명칭 : 고·저압력 스위치
> 2. 빨간 돌출부 명칭 : 복귀(리셋) 버튼
> 3. 빨간 돌출부 기능 : 냉동장치에 이상 고압이 발생했을 때 냉동기를 보호하기 위한 안전장치이며 복귀 시 원인을 찾아 조치하고 수동 복귀를 목적으로 한다.

06 다음 화면의 장치 명칭과 특징을 쓰시오.

> **정답**
>
> 1. 명칭 : 터보형 냉동기
> 2. 특징
>   ① 대용량에 적합
>   ② 수명이 길음

07 다음 동영상의 취출구 명칭과 특징을 쓰시오.

> 정답
>
> 1. 명칭 : 아네모(팬)형 취출구
> 2. 특징
>   ① 실내공기의 유인성능(2차 공기 유인성능)이 뛰어나다.
>   ② 취출 속도가 빠르면 발생소음이 커진다.

08 화면에서 보여주는 부품 명칭과 기능을 쓰시오.

> **정답**
>
> 1. 명칭 : 계기용 변류기
> 2. 사용 용도 : 1차 측 대전류를 2차 측 소전류로 변환하는 계기용 변류기

09 다음 화면의 댐퍼 명칭을 쓰시오.

> **정답**
>
> 스프릿 댐퍼
>
> **[해설]** 댐퍼 종류
> ① 버터플라이 댐퍼

② 루버 댐퍼

③ 스프릿 댐퍼

10 화면에 보이는 장치의 명칭과 역할을 쓰시오.

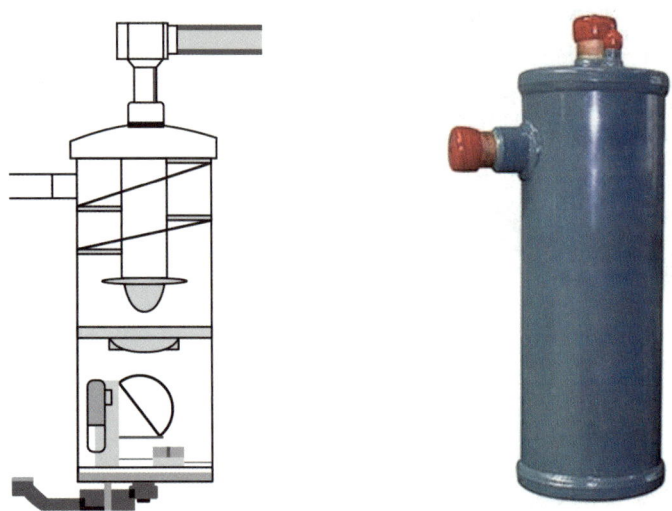

> **정답**
>
> 명칭 : 유분리기
> 역할 : 냉매와 오일 분리

11 다음 동영상은 배관 부속품이다. 각 명칭을 쓰시오.

> **정답**
> ① 부싱
> ② 90도 엘보
> ③ 캡
> ④ 레듀샤

12 다음 화면에서 나오는 장치 명칭을 쓰시오.

> **정답**
> 버터플라이밸브

2020 과년도 1회

01 다음 화면을 보고 (가)의 빈칸을 작도하고 (나), (다)의 빈칸을 보기에서 알맞은 답을 골라 쓰시오.

[설명]
1. 전원을 인가하면 RL이 점등되고, 이 상태에서 PBS(녹색)을 누르면 GL이 점등되고, RL이 소등된다.
2. PBS(적색)을 누르면 GL이 소등되고, RL은 처음 상태로 점등된다.

[보기]
GL, RL

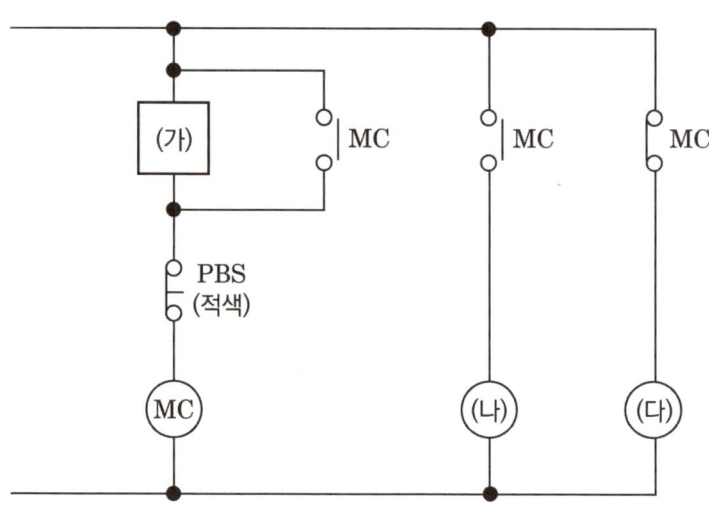

> 정답

(가) 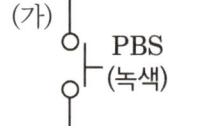   (나) GL   (다) RL

02 다음 회로와 같은 영상을 쓰시오.

[설명]

영상 1. PBS1(녹색)을 눌렀다 떼도 RL은 점등, PBS2(적색)을 누르면 RL은 소등
영상 2. PBS1(녹색)을 누를 때만 RL이 점등, 손을 떼면 RL이 소등되는 인칭회로
영상 3. PBS1(녹색)을 누르면 RL이 깜빡깜빡하는 플리커회로

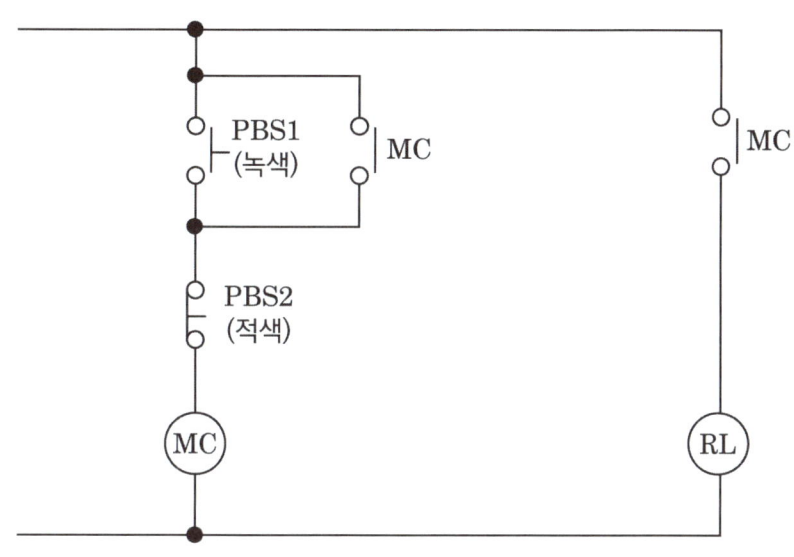

정답

영상 1

03 화면에서 보여주는 부품 명칭과 기능을 쓰시오.

> 정답
>
> 1. 명칭 : 계기용 변류기
> 2. 사용 용도 : 1차 측 대전류를 2차 측 소전류로 변환하는 계기용 변류기

04 다음 화면의 장치 명칭과 설치 목적을 쓰시오.

> 정답
>
> 1. 명칭 : 플렉시블 이음
> 2. 설치 목적 : 펌프나 압축기 등의 진동과 충격을 완화시켜 장치 및 배관의 파손 방지

05 다음 화면의 에어커튼 취출 특성을 가진 취출구 명칭을 쓰시오.

정답

캄 라인형 취출구

[해설] 캄 라인형 취출구
창문 부분 천장에 설치하여 내부공기와 외부 공기를 차단해 열손실을 방지하고, 외부로부터 침입하는 곤충 및 벌레 등의 이물질을 차단

06 다음 화면에서 나오는 동관 이음쇠의 명칭을 쓰고, 목적 2가지를 쓰시오.

정답

1. 명칭 : 플레어 이음(압축 이음)
2. 사용 목적
① 분해 점검 및 수리
② 동관 이음용

07 다음 화면의 장치 명칭과 기능을 쓰고, 노란색 용기에 사용되는 안전장치 종류를 쓰시오.

> 정답
>
> 1. 명칭 : 역화방지기
> 2. 기능 : 가스(아세틸렌)의 유출압력이 너무 낮을 때 화염의 역화로 인한 장치 폭발 방지를 위해 설치
> 3. 종류 : 가용전식

08 다음 화면의 장치 명칭과 형식을 쓰시오.

> 정답
>
> 1. 명칭 : 냉각탑(쿨링타워)
> 2. 형식 : 직교류형

09 다음 화면의 부품 명칭과 설치 목적을 쓰시오.

정답

1. 명칭 : 리미트스위치
2. 설치 목적 : 위치 검출 스위치로 출입문 개·폐에 사용하며, 접촉자에 움직이는 물체가 닿으면 접점이 개·폐

10 다음 화면의 장치 명칭을 쓰시오.

정답

터보형 냉동기

11 다음 영상의 증발압력조정밸브의 설치 목적과 설치 위치를 쓰시오.

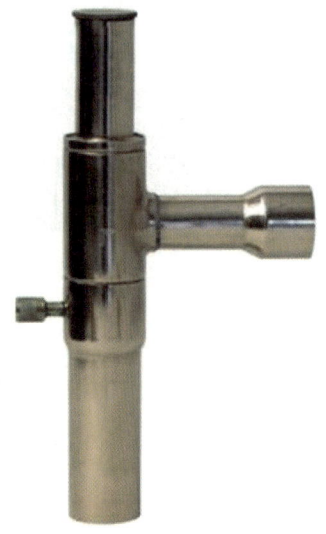

> 정답

1. 설치 목적 : 증발압력이 일정 압력 이하가 되는 것을 방지
2. 설치 위치 : 증발기 출구와 압축기 흡입관 배관 사이

12 다음 화면의 공기조화 송풍기에 연결된 덕트 이음방법과 설치 목적을 쓰시오.

> **정답**
>
> 1. 이음방법 : 캔버스 이음
> 2. 설치 목적 : 송풍기와 덕트 사이에 천 소재로 만든 덕트를 연결하여 송풍기 진동이 덕트에 전달되어 파손되지 않도록 하기 위한 이음

2020 과년도 2회

01 다음 영상을 보고 (가), (나), (다) 빈칸에 알맞은 답을 쓰시오.

[설명]
① PB(녹색)을 누르면 자기유지되어 GL 파일롯 램프가 점등되고, 일정시간 경과 후 타이머에 의해 자기유지되며 RL 파일롯램프에도 점등
② PB(적색)을 누르면 GL 파일롯램프 및 RL 파일롯램프가 소등

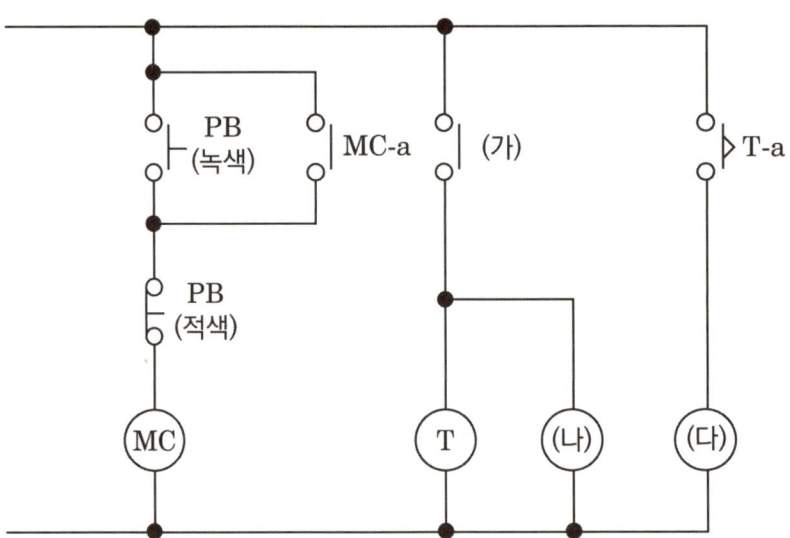

> 정답

(가) MC-a
(나) GL
(다) RL

02 다음 화면을 보고 알맞은 회로를 찾으시오.

[설명]
1. 전원을 인가하면 RL램프가 점등되고, PBS1(녹색)을 누르면 MC가 자기유지되어 GL램프가 점등되고, RL램프는 소등된다.
2. PBS2(적색)을 누르면 초기상태인 RL램프만 점등된다.

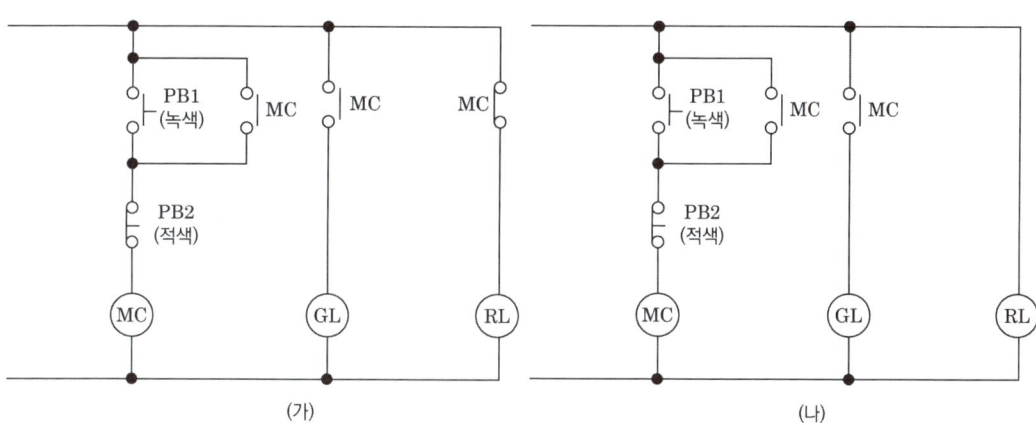

정답

(가)

03 다음 화면의 기기 명칭과 설치 위치, 기능을 각각 쓰시오.

> 정답

1. 명칭 : 수액기
2. 설치 위치 : 응축기와 팽창밸브 사이
3. 기능 : 응축기에서 액화된 고온·고압의 냉매액을 일시 저장하고 냉동장치를 휴지하거나 저압 측 수리 시 냉매를 회수하여 저장

[해설]
1) 수액기
   응축기 하부에 설치하여 응축기에서 액화된 고압냉매를 일시 저장하는 용기(버퍼의 역할)로 불응축가스는 회수하고 액냉매만 팽창밸브로 보내는 역할을 한다. 또한, 냉동장치를 수리할 때 장치 내의 냉매를 모아 저장할 수 있는 이상의 크기로 한다.
2) 액분리기
   증발기와 압축기 사이에 설치하여 압축기로 액이 흡입되는 것을 방지한다. 증발기에서 충분한 증발이 되지 않아 액화냉매가 압축기에 흡입 액압축(리퀴드 백)의 원인이 되어 체적효율 저하, 소요동력 증대 및 냉동기기의 효율을 저하시키며 기기 파손의 원인이 된다. 이를 방지하기 위해 또한, 기동 시 증발기내 액교란을 방지하기도 한다. 증발기 내용적에 25 [%] 이상 크도록 설치한다.

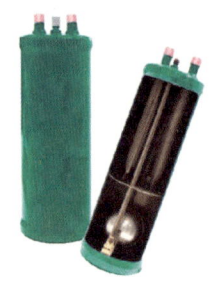

3) 유분리기

압축기와 응축기 사이에 설치하여 토출가스 중 오일입자를 분리하기 위한 장치. 증발기에 미세한 윤활유의 입자가 유입될 경우 유막을 형성하고 전열을 나쁘게 한다.

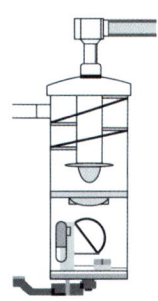

04 다음 영상의 취출구 명칭과 특징을 쓰시오.

정답

1. 명칭 : 사각 취출구(아네모스텟형 취출구)
2. 특징
   ① 공기 풍량 조절이 쉬움
   ② 공기 분포 및 확산이 양호

05 다음 화면은 액분리기이다. 액분리기 설치 장소와 역할에 대해 쓰시오.

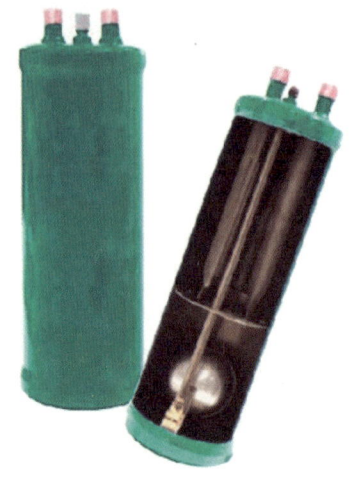

정답

1. 설치 장소 : 증발기와 압축기 사이 흡입관상
2. 역할 : 흡입가스 중 액 냉매를 분리하여 증기만을 압축기로 흡입시킴으로써 액 압축을 방지하여 압축기를 보호해주는 역할

06 다음 동영상에서 보여주는 장치의 명칭과 역할을 쓰시오.

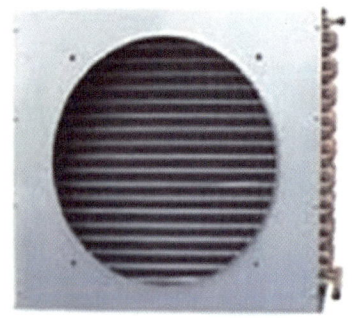

> 정답

1. 명칭 : 응축기
2. 역할 : 압축기에서 나온 고온, 고압의 기체 냉매를 공기 또는 냉각수로 열교환시켜 냉매를 응축 액화시킴

07 화면에 보이는 밸브 명칭과 기능을 쓰시오.

> 정답

1. 명칭 : 체크밸브
2. 기능 : 유체의 역류방지

08 다음 화면의 부품 명칭과 역할을 각각 쓰시오.

> 정답

1. 명칭 : 조광형 누름 버튼 스위치
2. 역할 : 버튼을 눌러 접점을 개·폐하는 스위치로 램프에 접점 개폐에 따라 점등 또는 소등 됨(스위치 기능과 램프 기능을 가지고 있는 스위치)

09 다음 동영상은 배관 부속품이다. 각 명칭을 쓰시오.

정답

① 부싱
② 90도 엘보
③ 캡
④ 레듀샤

10 다음 화면에서 보여주는 댐퍼의 명칭과 작동원리를 각각 쓰시오.

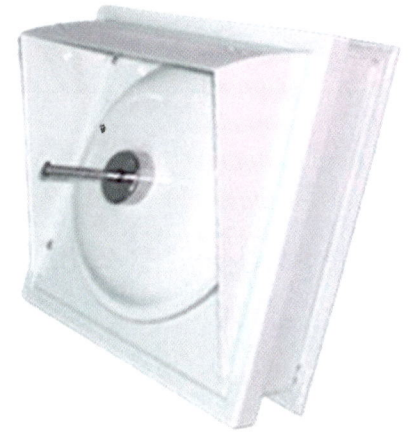

정답

1. 명칭 : 릴리프 댐퍼
2. 작동원리 : 일정방향에서 일정한 압력으로 작용 시에만 열리게 되어 있어 역류를 방지한다.

11 다음 동영상은 전기설비에 사용되는 측정기이다. 이 부품의 명칭을 쓰시오.

> 정답

교류용 전압계

12 다음 동영상에서 화살표 부분의 명칭과 역할을 쓰시오.

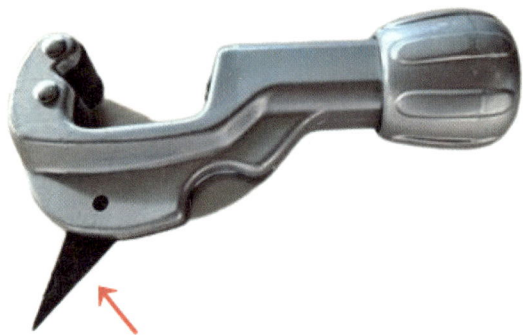

> 정답

1. 명칭 : 리머
2. 역할 : 동관 내의 거스러미 제거

2020 과년도 3회

01 다음 화면을 보고 PBS(적색)을 누를 때 (가), (나), (다) 점등 상태를 on, off로 쓰시오.

[설명]
① 전원을 인가하면 GL램프가 점등되고, 셀렉터 스위치를 MAN으로 전환하여 PBS(백색)을 누르고 있으면 MC 전원이 인가되어 GL 램프가 소등, RL램프는 점등(손을 떼면 처음 상태)
② 셀렉터 스위치를 Auto로 전환하면, GL램프가 점등되고, RL램프는 소등되며 PBS(녹색)을 누르면 MC에 전원이 인가되어 자기유지되어 RL램프 점등, GL램프 소등
③ PBS(적색)을 누르면 RL램프, GL램프 모두 소등
④ 과전류가 흐를 때 THR(열동형과부하계전기)가 작동하여 FRy(플리커릴레이)에 전원이 인가되며 YL램프가 점멸신호로 됨(평상시엔 off)

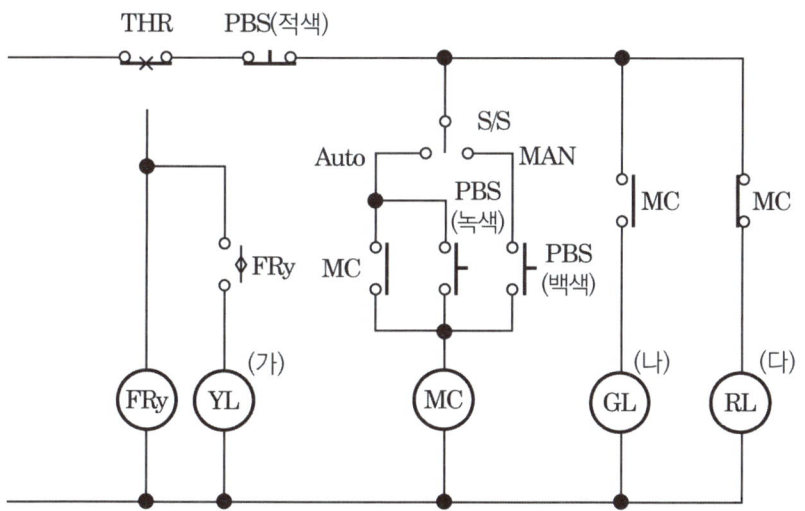

> 정답

(가) : off
(나) : off
(다) : off

02 다음 회로와 같은 영상을 쓰시오.

[설명]

영상 1. PBS1(녹색)을 눌렀다 떼도 RL은 점등, PBS2(적색)을 누르면 RL은 소등
영상 2. PBS1(녹색)을 누를때만 RL이 점등, 손을 떼면 RL이 소등되는 인칭회로
영상 3. PBS1(녹색)을 누르면 RL이 깜빡깜빡하는 플리커회로

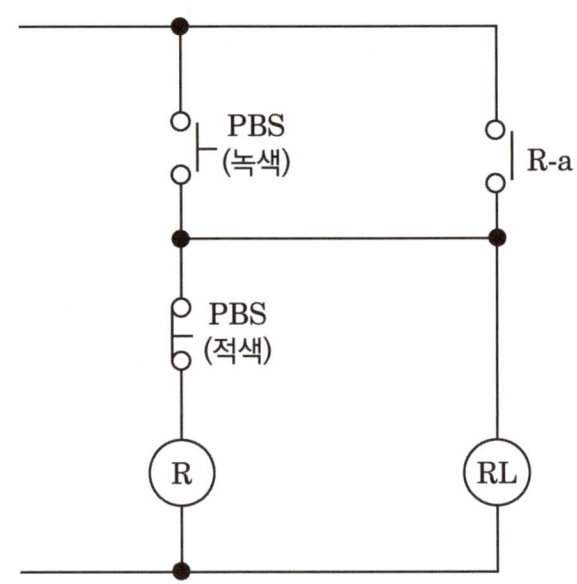

정답

영상 1

03 다음 화면에 보이는 공구 명칭을 각각 쓰시오.

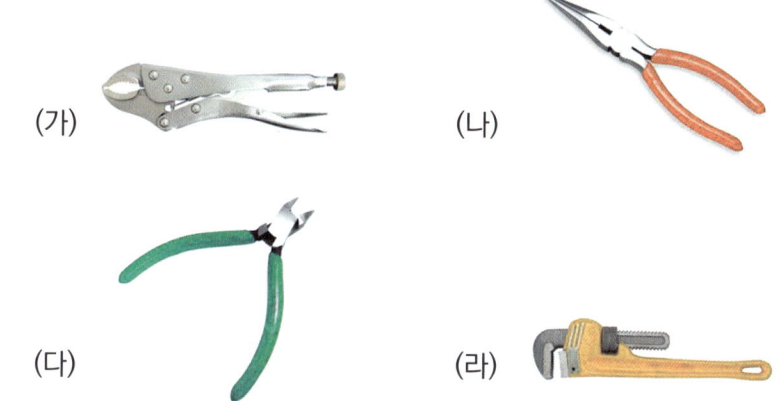

> **정답**
>
> (가) 플라이어 (나) 롱노즈플라이어
> (다) 니퍼   (라) 파이프렌치

04 화면에 보이는 장치의 명칭과 역할을 쓰시오.

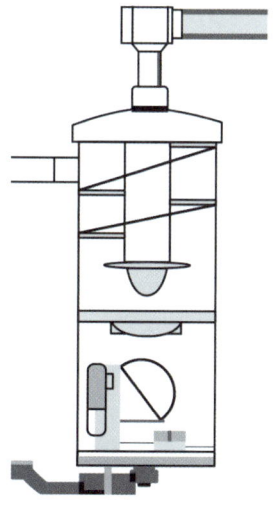

> **정답**
>
> 명칭 : 유분리기
> 역할 : 냉매와 오일분리

05 다음 화면은 액분리기이다. 액분리기 설치 장소와 역할에 대해 쓰시오.

> **정답**
>
> 1. 설치 장소 : 증발기와 압축기 사이 흡입관상
> 2. 역할 : 흡입가스 중 액 냉매를 분리하여 증기만을 압축기로 흡입시킴으로써 액 압축을 방지하여 압축기를 보호해주는 역할

06 화면에 보이는 밸브 명칭과 설치 목적을 쓰시오.

> **정답**
>
> 1. 명칭 : 스프링식 안전밸브
> 2. 설치 목적 : 압력이 설정압력 이상 상승 시 내부 유체를 신속 배출하여 설정 압력으로 되돌리는 역할

07 다음 화면의 장치 명칭을 쓰시오.

> **정답**
>
> 터보형 냉동기

08 화면에서 보여주는 부품의 명칭을 쓰시오.

> **정답**
>
> 냉매용 볼밸브

09 다음 화면에서 나오는 장치 명칭과 그 사용 목적을 쓰시오.

> **정답**
> 1. 명칭 : 버터플라이밸브
> 2. 사용 목적 : 고압의 물이나 증기, 공기, 가스용으로 사용

10 다음 영상에서 작업자가 사용한 측정기 명칭을 쓰시오.

> **정답**
> 검전기
>
> **[해설]** 검전기
> 물체의 대전 여부나 대전된 전하의 양극과 음극을 측정하는 기기

11 다음 영상의 배관이음 입체도의 배관이음 부속(엘보와 티)의 개수를 쓰시오.

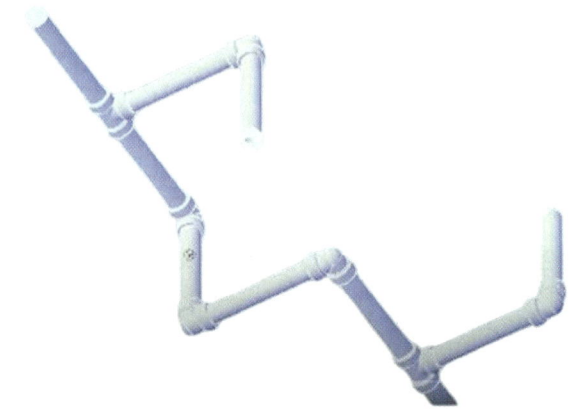

> 정답
>
> 1. 엘보 : 5개
> 2. 티 : 2개

12 다음 화면의 부품 명칭과 역할을 쓰시오.

> 정답
>
> 1. 명칭 : 디스크식 증기트랩
> 2. 역할 : 증기관 내 응축수 제거

2019 과년도 1회

01 다음 화면을 참고하여 적합한 시퀀스 회로도를 (가), (나) 중 고르시오.

[설명]
① 차단기를 올리면 RL 점등
② PBS녹 누르면 부저가 울리며, GL 점등, RL 소등
③ PBS적 누르면 원상복귀

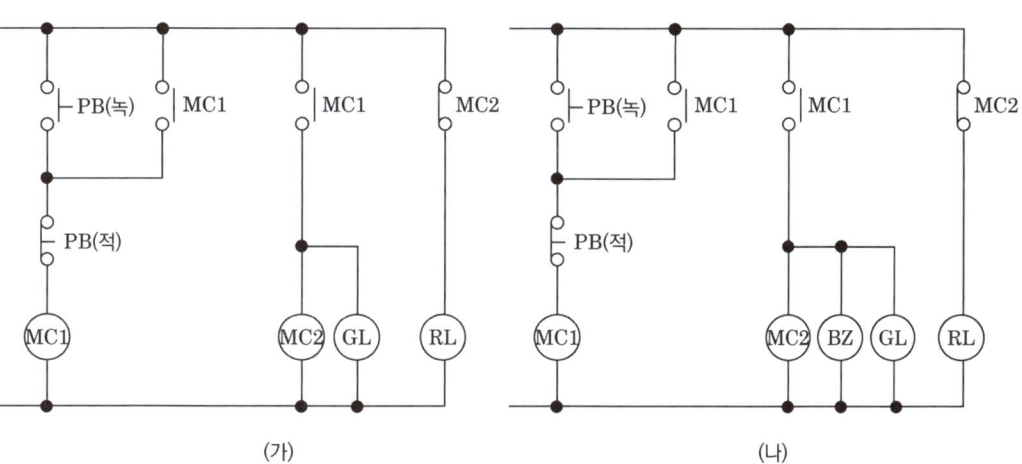

정답

(나)

02 다음 화면을 참고하여 적합한 시퀀스 회로도를 (가), (나) 중 고르시오.

[설명]
녹색 버튼을 눌렀더니 녹색 램프 점등

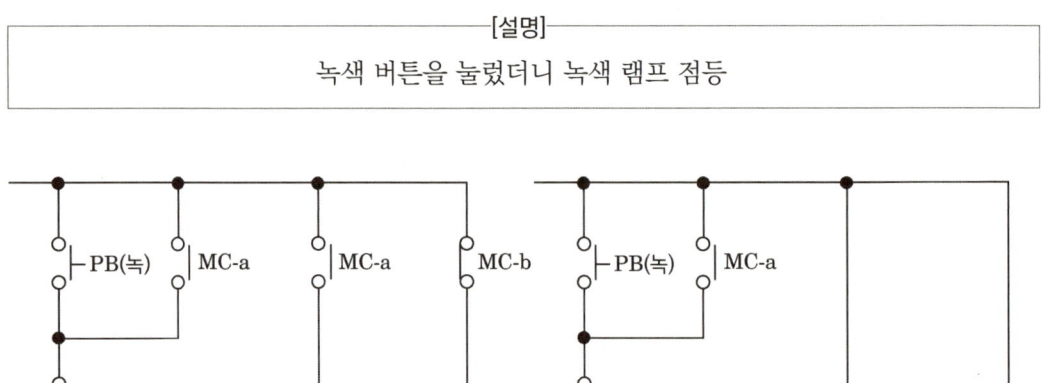

(가)   (나)

정답

(가)

03 다음 화면을 보고 배관이음 도시기호 중 평면도를 고르시오.

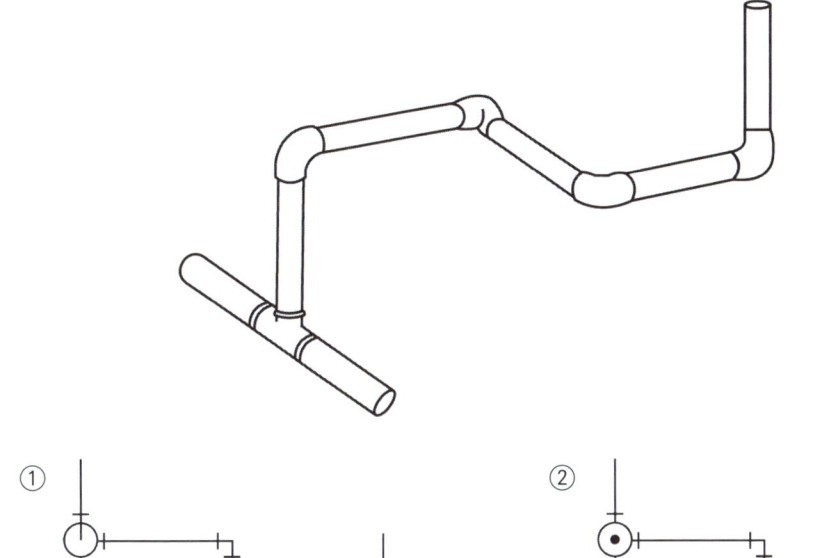

① 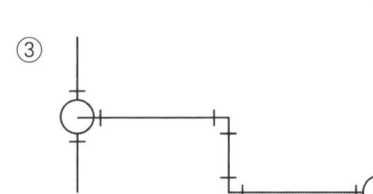 ②

③ ④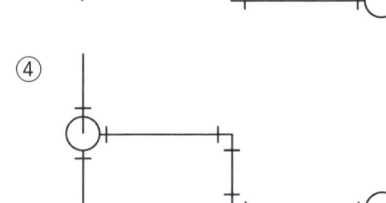

정답
③

04 다음 화면의 부속 명칭과 용도를 쓰시오. (배수관과 연결된 부속이다)

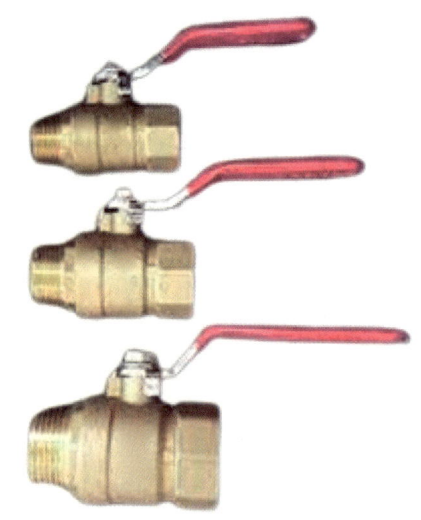

> 정답
>
> 1. 명칭 : 드레인밸브
> 2. 용도 : 헤더 내부의 이물질 및 드레인 배출

05 다음 화면의 장치 명칭과 이 장치에 부착된 감온통 기능을 쓰시오.

> 정답
>
> 1. 장치명 : 온도식 자동 팽창밸브
> 2. 감온통 : 증발기 출구의 과열도(과냉도)를 감지하여 냉매 공급량 조절

06 화면에서 보여주는 부품 명칭과 기능을 쓰시오.

> 정답
>
> 1. 명칭 : 계기용 변류기
> 2. 사용 용도 : 1차 측 대전류를 2차 측 소전류로 변환하는 계기용 변류기

07 다음 화면의 기기 명칭과 설치 위치, 기능을 각각 쓰시오.

정답

1. 명칭 : 수액기
2. 설치 위치 : 응축기와 팽창밸브 사이
3. 기능 : 응축기에서 액화된 고온·고압의 냉매액을 일시 저장하고 냉동장치를 휴지하거나 저압 측 수리 시 냉매를 회수하여 저장

[해설]

1) 수액기

응축기 하부에 설치하여 응축기에서 액화된 고압냉매를 일시 저장하는 용기(버퍼의 역할)로 불응축가스는 회수하고 액냉매만 팽창밸브로 보내는 역할을 한다. 또한, 냉동장치를 수리할 때 장치 내의 냉매를 모아 저장할 수 있는 이상의 크기로 한다.

2) 액분리기

증발기와 압축기 사이에 설치하여 압축기로 액이 흡입되는 것을 방지한다. 증발기에서 충분한 증발이 되지 않아 액화냉매가 압축기에 흡입 액압축(리퀴드 백)의 원인이 되어 체적효율 저하, 소요 동력 증대 및 냉동기기의 효율을 저하시키며 기기 파손의 원인이 된다. 이를 방지하기 위해 또한, 기동 시 증발기내 액교란을 방지하기도 한다. 증발기 내용적에 25 [%] 이상 크도록 설치한다.

3) 유분리기

 압축기와 응축기 사이에 설치하여 토출가스 중 오일입자를 분리하기 위한 장치. 증발기에 미세한 윤활유의 입자가 유입될 경우 유막을 형성하고 전열을 나쁘게 한다.

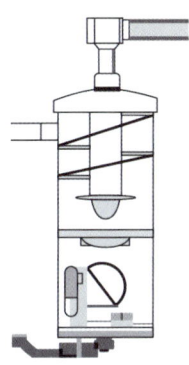

08 다음 화면에서 보여주는 부품의 명칭과 용도를 쓰시오.

> **정답**
>
> 1. 명칭 : 역류방지밸브(체크밸브)
> 2. 용도 : 유체 흐름의 역류 방지

09 다음 동영상의 부속품 명칭과 기능을 쓰시오.

정답

1. 명칭 : 공기빼기밸브(에어벤트)
2. 기능 : 냉·난방설비 배관에서 발생되는 공기를 외부로 배출시켜 설비 효율 향상

10 화면에서 보여주는 부품의 명칭과 사용 용도를 쓰시오.

정답

1. 명칭 : 릴레이(계전기)
2. 사용 용도 : 전자기력을 이용해서 입력신호에 따라 전기회로를 온·오프

11 다음 화면의 취출구(디퓨져)의 명칭을 쓰시오.

정답

컴라인형 취출구(Calm Line Diffuser)

[해설]
주로 에어커튼용으로 사용되며 취출 도달 거리가 가장 긴 형태의 취출구

12 다음 화면에 보이는 냉동기 유닛의 설치된 장치를 보기에서 모두 골라 쓰시오.

[보기]
압축기, 응축기, 팽창밸브, 증발기

정답

압축기, 응축기

2019 과년도 2회

01 다음 화면을 참고하여 PBS(적)을 누를 때 (가), (나), (다)의 점등 상태를 on, off로 쓰시오.

[설명]
① 전원을 인가하면 GL만 점등되고, PBS(적)을 누르면 모든 전원이 차단되어 MC, RL, GL이 모두 소등
② THR이 동작될 때만 FRy(퓨리커 릴레이) 전원이 인가되어 YL이 점멸 신호로 바뀜

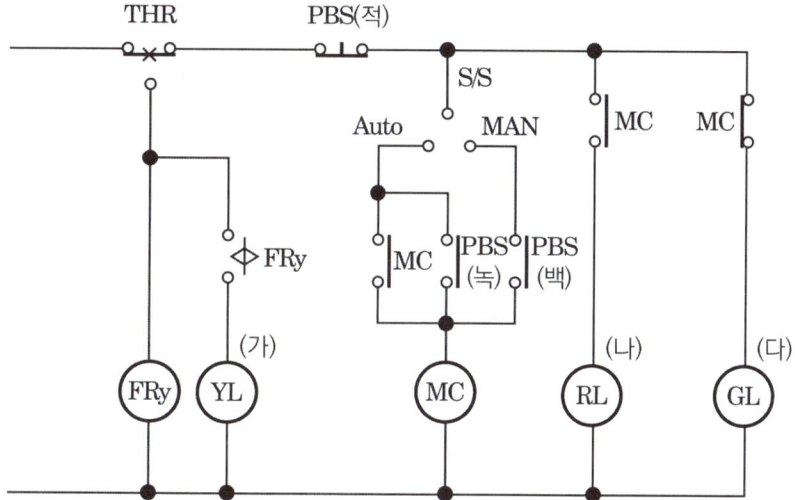

[정답]

(가) : off
(나) : off
(다) : off

02 다음 화면을 참고하여 알맞은 회로를 쓰시오.

[설명]
① PBS1(녹색)을 누르면 R, MC, RL, GL이 모두 전원이 인가
② PBS2(적색)을 누르면 R, MC, GL 전원이 소자되며, RL만 전원 인가

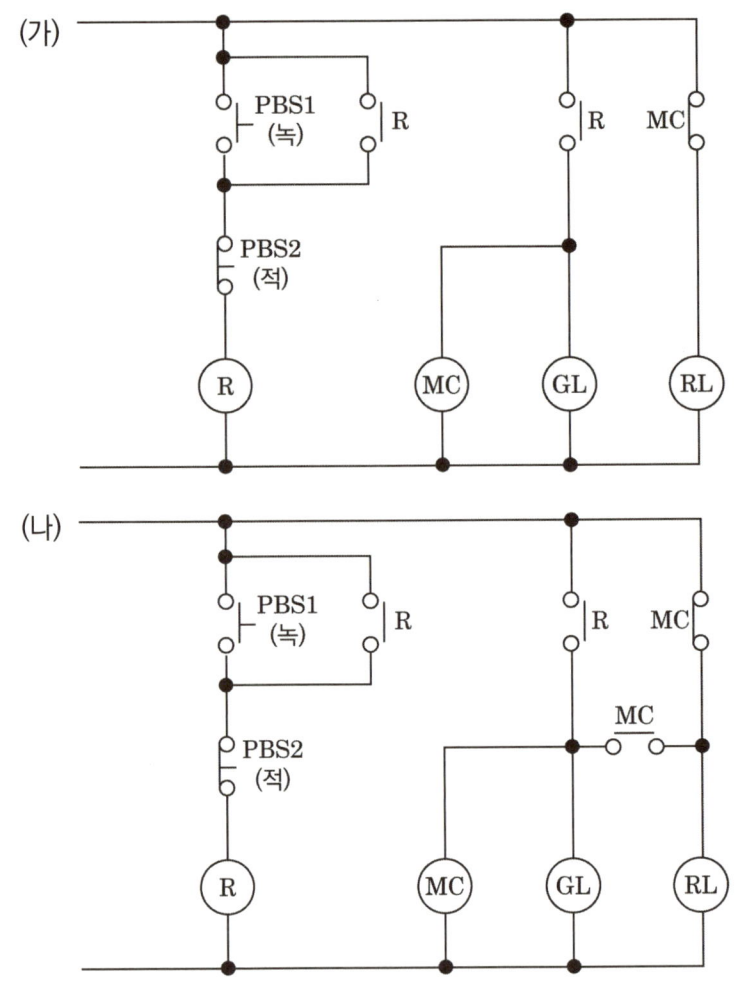

정답

(나)

03 다음 화면에서 보여주는 장치 명칭과 작동원리를 쓰시오.

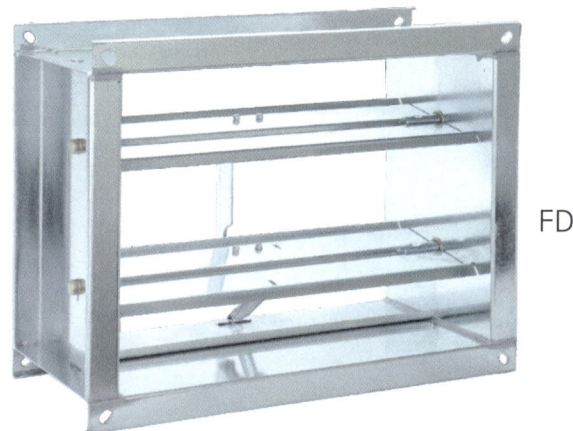

FD

정답

1. 명칭 : 방화댐퍼
2. 작동원리 : 화재 발생 시 퓨즈가 녹아 댐퍼를 차단하여 덕트를 통한 화재 확산 방지

04 다음 화면의 취출구 (디퓨저)의 명칭을 쓰시오.

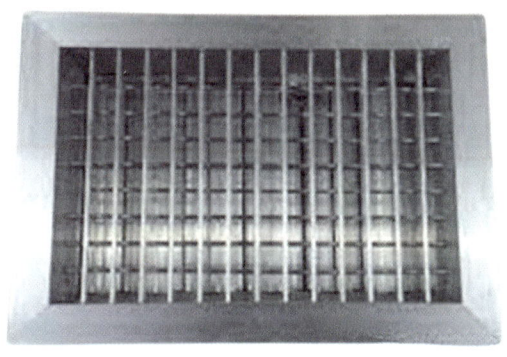

> [정답]
>
> 그릴형 취출구
>
> [해설]
> 기류의 취출 방향 조절이 쉽고 단면적이 적어 손실이 적다.

05 다음 동영상에서 보여주는 장치의 명칭과 역할을 쓰시오.

> [정답]
>
> 1. 명칭 : 응축기
> 2. 역할 : 압축기에서 나온 고온, 고압의 기체 냉매를 열교환시켜 냉매를 응축 액화시킴

06 다음 영상 속 작업자가 작업 중 안전상 잘못된 점을 쓰시오.

> [설명]
> 넥타이를 하고 드릴작업 중 드릴 날을 교체하려는 영상

정답
1. 드릴작업 중 작업복을 온전히 착용하지 않음
2. 드릴작업 중 드릴이 완전히 정지하지 않았는데 바이스를 풀음
3. 넥타이를 착용하고 작업

07 다음 영상 속 밸브 명칭과 역할을 쓰시오.

정답
1. 명칭 : 브라켓밸브
2. 역할 : 냉동기 고압 측에 설치하여 냉매 충전, 회수 시 사용

08 화면에서 보여주는 부품의 명칭과 기능, 설치 위치를 쓰시오.

> 정답

1. 명칭 : 필터드라이어
2. 기능 : 냉매 속 수분을 제거
3. 설치 위치 : 응축기와 팽창밸브 사이

09 화면에 보이는 밸브 명칭과 기능을 쓰시오.

> 정답

1. 명칭 : 체크밸브
2. 기능 : 유체의 역류방지

10 다음 화면의 장치 명칭을 쓰시오.

| 정답 |

터보형 냉동기

11 다음 영상에서 작업자가 사용한 측정기 명칭을 쓰시오.

| 정답 |

검전기

[해설] 검전기
보충검전기 : 물체의 대전 여부 확인 기기

12 화면에 보이는 부품의 명칭을 쓰시오.

> 정답

전자접촉기(MC : 마그네틱 컨텍터)

2019 과년도 3회

01 다음 화면을 참고하여 LS(백)을 누를 때 (가), (나), (다), (라)의 점등 상태를 on, off로 표시하시오.

[설명]
① LS백(리밋스위치)가 작동되면 MC(나)가 여자되어 on되고, MC-a가 여자되어 RL(다)이 on되며, MC-b가 소자되어 GL(라)는 off
② FRY는 THR이 동작할 때만 YL(가)이 on 되지만, LS(백)을 누를 때와는 상관없는 off 상태

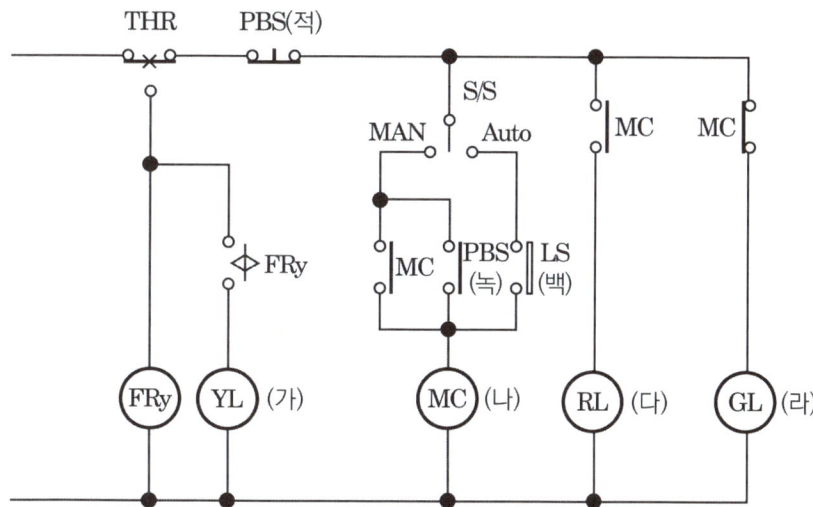

정답

(가) : off
(나) : on
(다) : on
(라) : off

02 다음 화면과 같은 회로도를 찾으시오.

[설명]
PBS1을 누르면 GL이 점등되고, RL이 소등됨

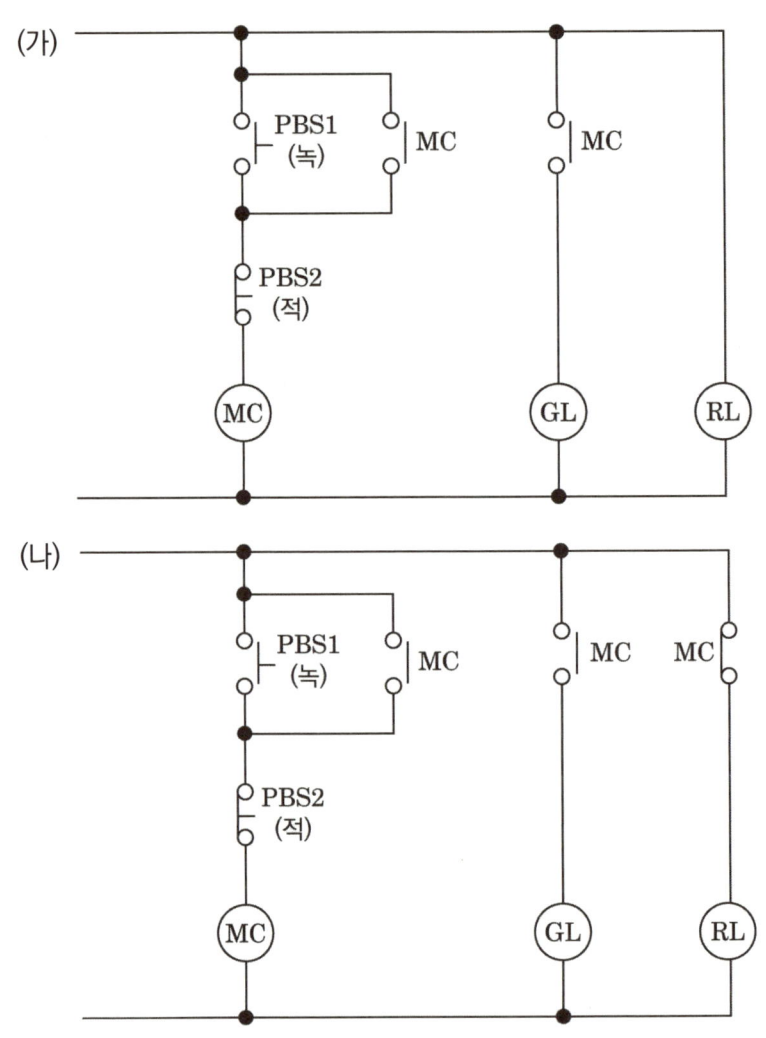

> 정답
(나)

03 다음 영상에서 나오는 압축기의 구조상 분류에 의한 명칭을 쓰시오.

정답

밀폐형 왕복동식 압축기

04 다음 화면의 에어커튼 취출 특성을 가진 취출구 명칭을 쓰시오.

정답

캄 라인형 취출구

[해설] 캄 라인형 취출구
창문 부분 천장에 설치하여 내부공기와 외부 공기를 차단해 열손실을 방지하고, 외부로부터 침입하는 곤충 및 벌레 등의 이물질을 차단

05 다음 화면에 보이는 공구 명칭을 각각 쓰시오.

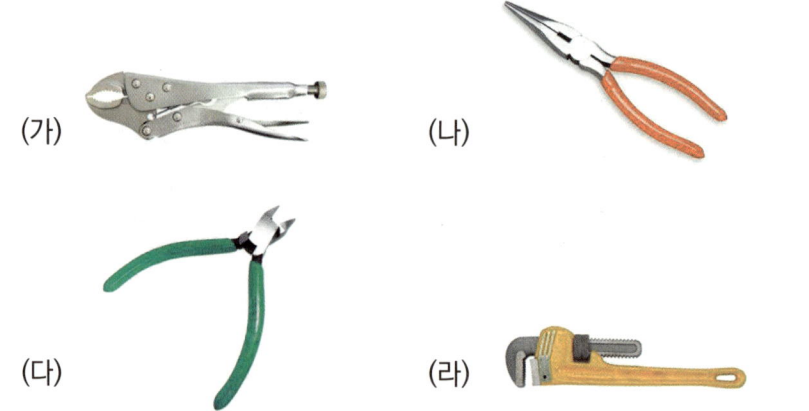

(가)　　　　　(나)

(다)　　　　　(라)

> 정답
>
> (가) 플라이어
> (나) 롱노즈플라이어
> (다) 니퍼
> (라) 파이프렌치

06 다음 화면을 보고 배관 (가)평면도, (나)의 정면도를 각각 그리시오.

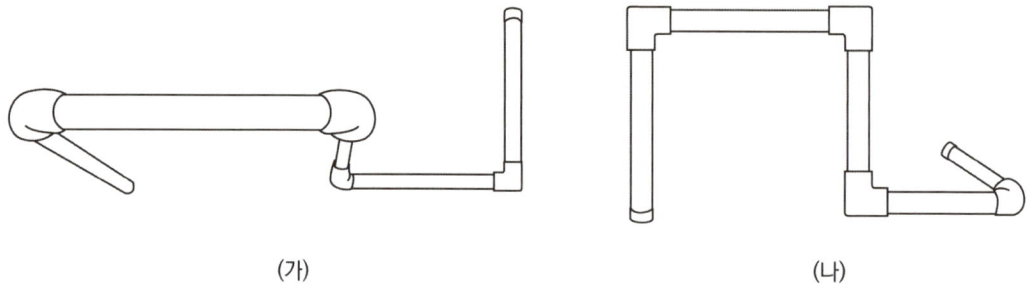

(가)　　　　　(나)

※(가)는 위에서 내려다 본 모습이다.

> 정답

(가)

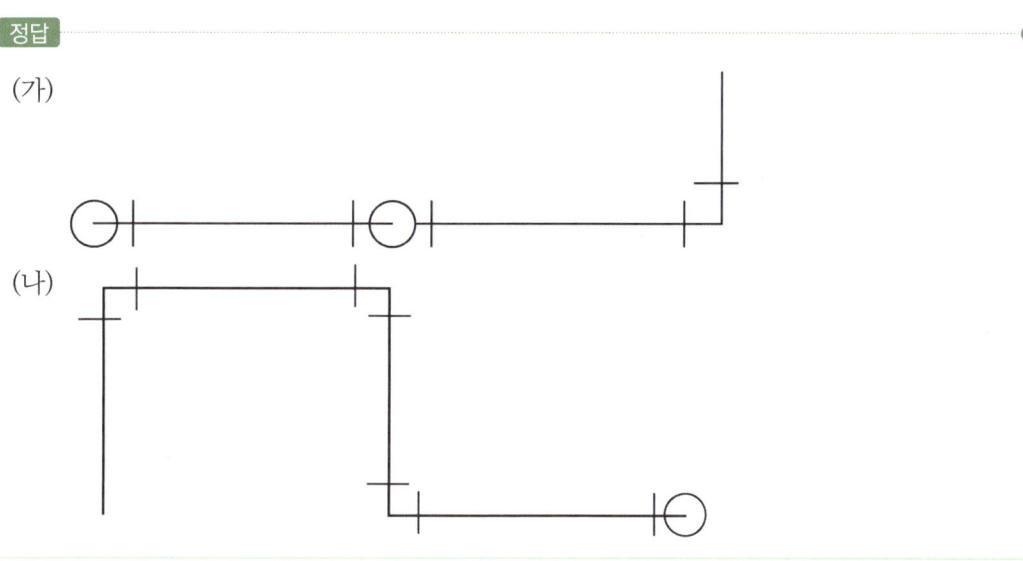

(나)

07 다음 화면의 장치 명칭과 기능을 쓰고, 이에 사용되는 안전장치 종류를 쓰시오.

> 정답

1. 명칭 : 역화방지기
2. 기능 : 가스(아세틸렌)의 유출압력이 너무 낮을 때 화염의 역화로 인한 장치 폭발 방지를 위해 설치
3. 종류 : 가용전식

08 다음 화면의 장치 명칭과 형식을 쓰시오.

> 정답

1. 명칭 : 냉각탑(쿨링타워)
2. 형식 : 직교류형

09 다음 동영상은 배관 부속품이다. 각 명칭을 쓰시오.

①    ②

③    ④

> 정답
>
> ① 부싱　② 엘보
> ③ 캡　④ 레듀샤

10 다음 화면의 장치 명칭과 기능을 쓰시오.

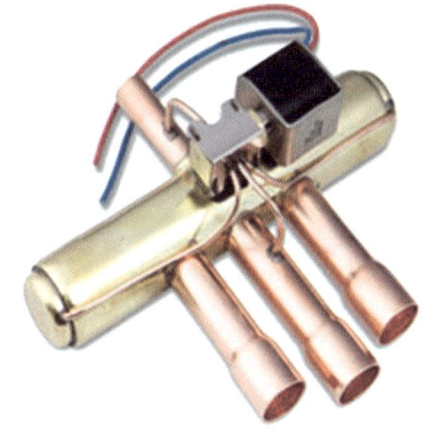

> 정답
>
> 1. 명칭 : 사방밸브
> 2. 기능 : 히트펌프, 냉동장치의 유체 흐름을 바꾸어 냉·난방 전환에 사용

11 다음 영상에 나오는 장치 명칭과 설치 목적, 2개를 동시에 설치하는 이유를 각각 쓰시오.

> **정답**
>
> 1. 명칭 : 수면계
> 2. 설치 목적 : 보일러 내부의 수면을 측정하기 위해 설치
> 3. 2개를 동시에 설치하는 이유 : 정확한 수위 판단과 안전확보를 위해

12 다음 화면의 부품 명칭을 쓰시오.

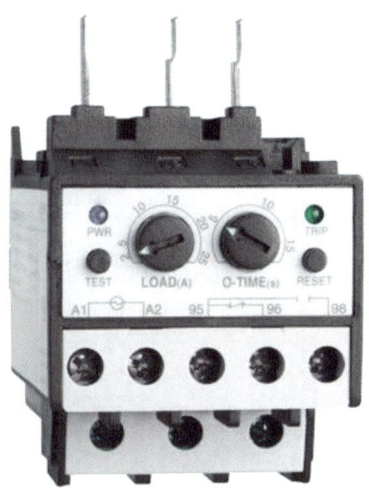

정답

전자식 과전류 계전기(EOCR)

[해설] 전자식 과전류 계전기(EOCR)
전원, 전류, 타이머 조정 핸들이 있고, 열동형 과부하 계전기는 전류조정 핸들만 있는 것이 차이점이다.

2018 과년도 3회

01 동영상에서 작업자가 사진의 계측기기를 가지고 하는 작업은 무슨 작업인지 쓰시오.

> **정답**
> 교류전압 측정작업

02 동영상을 보고 알맞은 회로를 찾고 사용 목적을 쓰시오.

[동영상]
- PBS1을 누르면 X가 여자되어 전동기가 동작하고 계속 X여자상태가 유지되며 L이 점등된다.
- PBS2를 누르면 X가 소자되고 전동기가 정지하고 L등이 소등된다.

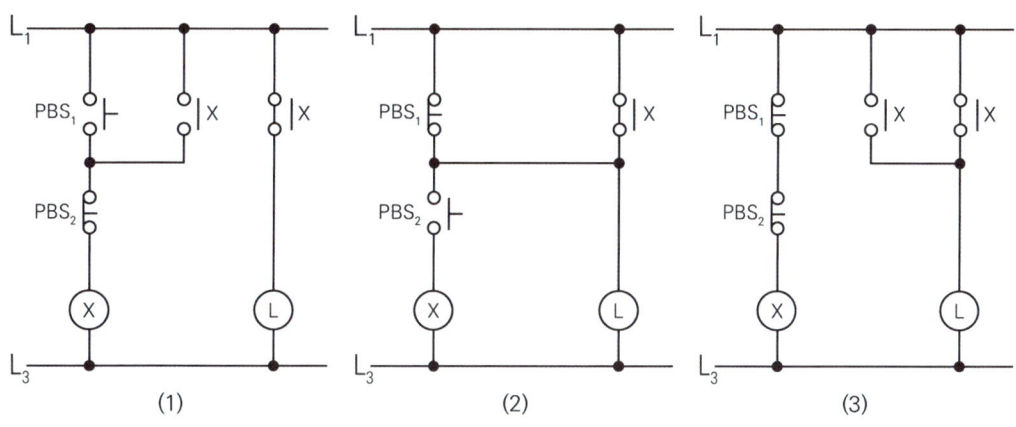

정답

맞는 회로 : (1)번
사용 목적 : 자기유지회로

03 다음 화면에 보이는 부속기기 명칭과 전면 중앙 상부의 빨간 돌출부 명칭 및 기능을 쓰시오.

> **정답**
> 1. 명칭 : 고 · 저압력 스위치
> 2. 빨간 돌출부 명칭 : 복귀(리셋) 버튼
> 3. 빨간 돌출부 기능 : 냉동장치에 이상 고압이 발생했을 때 냉동기를 보호하기 위한 안전장치이며 복귀 시 원인을 찾아 조치하고 수동 복귀를 목적으로 한다.

04 다음 화면에서 나오는 동관 이음쇠의 명칭을 쓰고, 목적 2가지를 쓰시오.

> 정답
>
> 1. 명칭 : 플레어 이음(압축 이음)
> 2. 사용 목적
>   ① 분해 점검 및 수리
>   ② 동관 이음용

05 다음 화면의 부품 명칭과 역할을 쓰시오.

> 정답
>
> 1. 명칭 : 디스크식 증기트랩
> 2. 역할 : 증기관 내 응축수 제거

06 다음 화면을 보고 배관이음의 정면도를 도시기호로 그리시오.

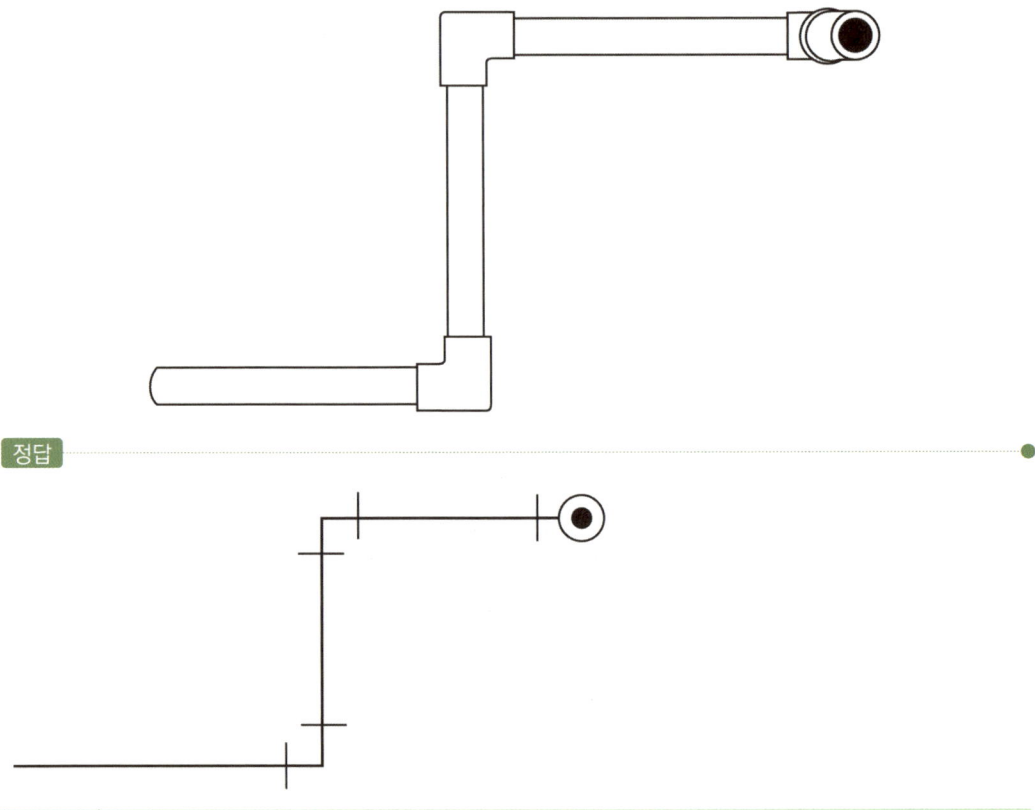

07 다음 동영상은 배관 부속품이다. 각 명칭을 쓰시오.

정답

① 부싱   ② 90도 엘보
③ 캡   ④ 45도 엘보

08 다음 화면의 기기 명칭과 청색호스에 연결된 부분은 고압부, 저압부 중 어디에 연결하는 지 쓰시오.

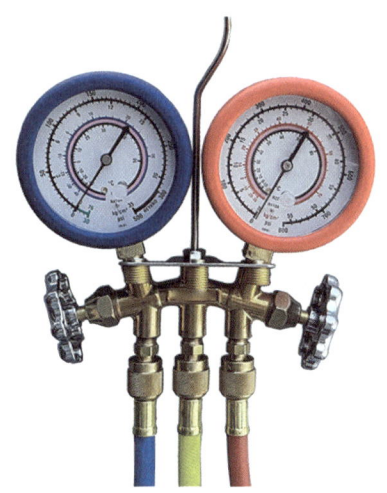

> **정답**
>
> 1. 명칭 : 매니폴더게이지
> 2. 청색호스 연결부 : 저압부

09 다음 화면의 장치 명칭을 쓰시오.

> **정답**
>
> 명칭 : 터보형 냉동기(원심식 냉동기)

10 다음 장치의 명칭을 쓰시오.

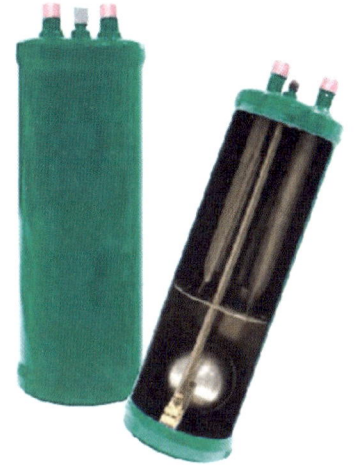

> 정답
>
> 명칭 : 액분리기

11 다음 영상의 취출구의 기류 형식에 따른 명칭과 설치 위치 2곳을 쓰시오.

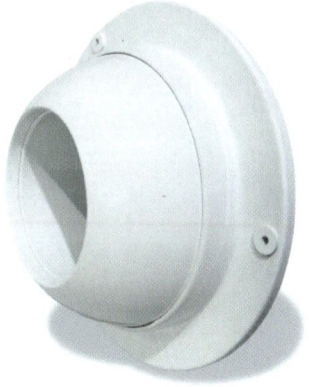

> **정답**
>
> 기류형식에 따른 명칭 : 축류형 취출구
> 대표적 설치 위치 : 천장, 벽

12 다음 화면은 PBS_1을 누르면 접점 X_1, X_2가 ON 되어 계전기 ⓧ가 PBS_2를 누를 때까지 계속 작동하는 시퀀스이다. 알맞은 회로의 번호를 찾고 이 회로의 명칭을 쓰시오.

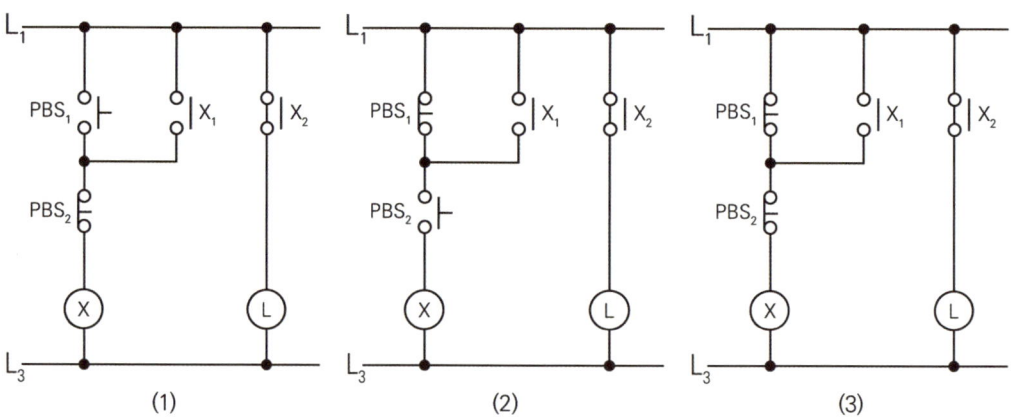

> **정답**
>
> (1)번
> 자기유지회로

[모아] 공조냉동기계산업기사 실기(개정판)

발행일	2024년 3월 7일 개정판 1쇄
지은이	이현석
발행인	황모아
발행처	(주)모아교육그룹
주 소	서울특별시 영등포구 영신로 32길 29 세화빌딩 2층
전 화	070-4454-1586(출판, 주문)
등 록	제2015-000006호 (2015.1.16.)
이메일	moagbooks@naver.com
누리집	www.moate.co.kr
ISBN	979-11-6804-235-3 (13500)

이 책의 가격은 뒤표지에 있습니다.

Copyright ⓒ (주)모아교육그룹 Co., Ltd. All Rights Reserved.

이 책은 저작권법에 의해 보호를 받는 저작물이므로 저자와 출판사의 서면 허락 없이 내용의 전부 또는 일부를 이용하는 것을 금합니다.

공조냉동기계산업기사 합격!
여러분의 합격은 모아의 보람입니다.

끊임없이 변화를 추구하는 교육기업
모아교육그룹

모아를 선택해주신 여러분께 감사드립니다.

- ✔ 모아는 혁신적인 교육을 통해 인간의 사고(思考)를 확장 및 변화시킬 수 있다고 믿고 있습니다.
- ✔ 모아는 미래를 교육으로 변화시킬 수 있다고 믿고 있습니다.
- ✔ 모아는 청년부터 장년, 중년, 노년까지의 성인교육에 중점을 두고 사업을 진행하고 있습니다.

초고령화, 불확실성의 시대
모아는 당신의 미래를 함께 하는 혁신적인 교육 플랫폼이 되겠습니다.